海陆的起源

The Origin of Continents and Oceans

〔德〕阿尔弗雷德·魏格纳◎著

王春雨 李辰莹◎译

版权专有　侵权必究

图书在版编目（CIP）数据

海陆的起源 /[德]阿尔弗雷德·魏格纳著；王春雨，李辰莹译.
—北京：北京理工大学出版社，2018.4（2025.5重印）

ISBN 978-7-5682-4988-1

Ⅰ.①海… Ⅱ.①阿… ②王… ③李… Ⅲ.①大地构造学—研究
②大陆漂移—研究 Ⅳ.① P541

中国版本图书馆 CIP 数据核字（2017）第 282439 号

责任编辑：申玉琴　　　　文案编辑：申玉琴
责任校对：周瑞红　　　　责任印制：边心超

出版发行 / 北京理工大学出版社有限责任公司
社　　址 / 北京市丰台区四合庄路 6 号
邮　　编 / 100070
电　　话 /（010）68944451（大众售后服务热线）
　　　　　（010）68912824（大众售后服务热线）
网　　址 / http://www.bitpress.com.cn

版 印 次 / 2025 年 5 月第 1 版第 6 次印刷
印　　刷 / 三河市金元印装有限公司
开　　本 / 700 mm × 1000 mm　1/16
印　　张 / 18.5
字　　数 / 215 千字
定　　价 / 46.00 元

图书出现印装质量问题，请拨打售后服务热线，负责调换

魏格纳简介

魏格纳，全名阿尔弗雷德·魏格纳（Alfred Lothar Wegener），1880年11月1日出生于柏林，是福音派传教士理查德·魏格纳博士和其妻子安娜最小的孩子。魏格纳曾在柏林的科伦尼察（Köllnisches）服兵役，后来他先后在海德堡大学、因斯布鲁克大学和柏林大学学习。1902年他进入位于柏林的乌拉尼亚天文台（Urania），成为一名天文观测员。1905年，他在洪堡大学取得博士学位后不久就成为其兄长库尔特在泰格尔（Tegel）普鲁士航空天文台的第二个技术助理。这两兄弟共同创造了气球飞行52.5小时的飞行纪录。这次飞行由柏林开始，持续环绕了日德兰半岛和卡特加特海峡，然后飞向德国（Germany）施佩萨尔特（Spessart）区域。这次飞行为应用水准器测斜仪作为导航的准确性提供了一次测试。

1906年起，魏格纳跟随丹麦国家探险队在格陵兰岛（Greenland）东北海岸考察了两年。在这次考察中他学会了极地旅行技术。他所发表的观测结果基本上与气象问题密切相关。从格陵兰岛返回后，他成为马堡大学天文学和气象学讲师。他的讲座成为《大气热动力学》教科书的基础，该书原有三个版本，但现在已绝版。遵循魏格纳的计划，它被《大气物理学讲义》（*Vorlesungen über Physik der Atmosphäre*）一书所取代，该书由魏格纳和哥哥库尔特·魏格纳（Kurt Wegener）编著，于1935年出版。

1912年，魏格纳与J·P·科赫（J.P.Koch）一起进行了第二次格陵兰岛考察。此次考察的目标是花费整个冬天的时间，从最东端的内陆冰边缘开始，穿越格陵兰岛最宽广的部分。但是，此次探险差点失事，在内陆冰川的上升路段发生了密集的冰川爆裂，裂冰扩展到了探险队营地区域。于是，探险队穿越格陵兰岛的考察开始于1913年开春后，持续了两个月。这次考察仅仅到达了西海岸。

1914年，魏格纳被选拔为女王近卫步兵第三团预备役中尉军官，被分配到作战部队。在进军比利时（Belgium）时，他手臂受伤；不久他返回战场，一颗子弹又卡在他的脖子里。由于他不再适合作战，只有受聘于气象领域。1915年，他的首部著作《海陆的起源》（*Die Entstehung der Kontinente und Ozeane*）诞生。本书关注于重新确立地球物理学与地理学、地质学之间的联系，这种联系曾经为这三个分支科学的专业发展所割裂。本书第二版再版于1920年，第三版在1922年，第四版在1929年。对于业界的评论和"诟病"，魏格纳给予了回应，并且把相应的材料囊括在再版之中，因而每次再版都是彻底的修订版。同行的态度也由批评、反对变成感兴趣和关注。第三版由M·雷赫尔（M. Reichel）翻译为法语，标题为《大陆和海洋的起源》（*Lagenèse des continents et des océans*），并作为一卷，由巴黎艾伯特·布兰查德科学图书馆（Librarie Scientifique Albert Blanchard, Paris）于1924年出版。同年，该版本也被J·G·A·斯凯尔（J.G.A.Skerl）翻译成英文（The Origin of Continents and Oceans）出版，并附有英国地质学会主席、帝国勋章奖获得者、英国皇家学会会员 J·W·伊凡斯（J.W.Evans）撰写的前言。此译本由伦敦梅休因与科有限责任公司（Methuen & Co. Ltd., London）出版。西班牙文第三版译本也在同一年出版，名为《大陆与海洋的成因》，译者是文森特·英格拉达·奥斯（Vicente Inglada Ors），出版商是马德里西方图书馆杂志社（Biblioteca de la Revista de Occidente, Madrid）。1925年，G·F·米特岑卡（G.F.Mirtzinka）出版了玛丽亚·米特岑科（Marii Mirtzink）的译本。1924年，魏格纳和W·柯本（W.Köppen）合著的《史前地质气候》（Die Klimate der geologischen Vorzeit）对本书内容进行了补充，由兄弟出版社（Verlag Gebrüder Bornträger）出版。

一战结束后，魏格纳像其兄长库尔特一样，成为位于汉堡（Hamburg）的德国海军天文台的一个部门负责人，同时他也是汉堡大学新设立的气象学专业的一名讲师。1924年，他接受了格拉茨大学（奥地利）气象与地球物理学教授职位的任命。

魏格纳计划于1928年与J·P·科赫进行新的格陵兰探险合作。可惜，J·P·科赫在1928年去世，这意味着探险计划只能靠德国自己来落实。魏格纳获得了德国研究协会的大力支持。1929年，他首先确定了从西海岸到格陵兰内陆冰盖（Inland Icecaps）这条最有利的探险路线。主要探险于1930年开始，此次探险最重要的成果是发现内陆冰厚度超过1 800米。

1930年11月，阿尔弗雷德·魏格纳在格陵兰岛内陆冰盖探险中遇难。

魏格纳在1928年已经决定修订本书，新修订版将是一个超越。因为与海陆起源相关的文献已经越来越广泛、越来越专业。因此，他认为任何有所修订的新版本都是必要的。

库尔特·魏格纳

图1 阿尔弗雷德·魏格纳

阿尔弗雷德·魏格纳（Alfred Lothar Wegener，1880—1930），德国气象学家、地球物理学家，1880年11月1日生于柏林，1930年11月在格陵兰考察冰原时遇难，被尊为"大陆漂移学说之父"

魏格纳简介

图2　德国洪堡大学

1905年,魏格纳在此获得天文学博士学位

图3　洪堡大学图书馆

魏格纳在洪堡大学上学时经常来此地查阅书籍

图4 奥地利因斯布鲁克大学

魏格纳曾在此地学习

图5 奥地利格拉茨大学

魏格纳于1924年被聘为格拉茨大学教授

魏格纳简介

图6　格拉茨大学图书馆

魏格纳曾在此查阅资料，进行学术研究

图7　德国马堡大学

1908年至第一次世界大战爆发前，魏格纳在马堡大学担任天文学与气象学讲师

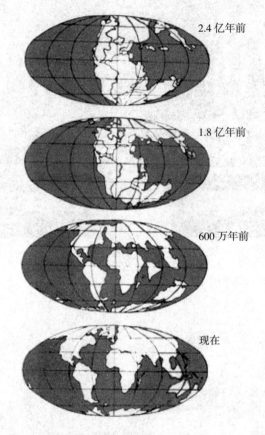

图8 大陆漂移示意图(一)

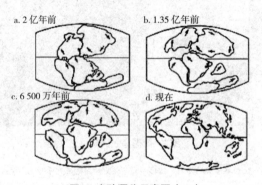

图9 大陆漂移示意图(二)

前　言

科学家们似乎仍未充分认识到，所有的地球科学都应该提供证据来揭示地球早期的状态，只有结合所有这些证据才能通向问题的真相。

南非（South Africa）著名的地质学家杜·托伊特（Du Toit）写道："如前所述，我们几乎毫无例外地转向用地质学的证据来裁定这一假说（即大陆漂移）的可能性，因为诸如基于动物群分布来判定大陆漂移说的各种论点很难有说服力。保守的观点是：假定存在延伸的大陆桥，后来才沉入海平面以下。一般来说，即使保守的观点缺乏灵巧性，仍可以很好地解释上述各种论点。"①

古生物学家H·冯·伊赫林（H.von Ihering）则一语中的："担心地球物理学的发展进程非你我职责所在。"他坚持"只有地球上生命的历史才

---

① 杜·托伊特：《比较美洲南部与南非，F·R·考伯瑞德的古生物学成就》（A Geological Comparison of South America with South Africa.With a Palaentological Contribution by F. R. Cowper Reed），载《华盛顿卡内基研究所》（Carnegie Institution of Washington），第381期，华盛顿，1927年。

能使人们掌握过去的地理变迁。"①

我亲自写下了漂移理论:"尽管人们争论不休,我相信,该问题的最后结论只能来自地球物理学,因为只有这一分支科学能够提供十分精确的方法。如果由地球物理学得出的结论证明漂移理论是错误的,那么该理论不得不放弃系统的地球科学,放弃所有的佐证,而去寻求其他阐释漂移理论的事实。"②

科学家容易持这种观点:每个人都认为在自己的领域内是最称职的,或者确实对问题的判断拥有决定权。

然而,实际情况并非如此。在特定时间内,地球只能具有唯一的外形结构,但地球并未提供与此有关的直接信息。就像一个法官面对着拒绝回答的被告,我们必须通过间接证据来判定真相。我们可以搜集到的所有类型的证据都带有欺骗性质,那么,我们该如何评价一个只根据部分现有可用数据就做出裁决的法官呢?

只有结合所有地球科学所提供的信息,找到"陈述"所有已知事实的图片,把它们最合理地排列起来,这样才具有最大的可能性。此外,我们必须为每一个新发现的可能性做好准备,无论哪一门分支科学提供了这些可能性,我们都会去修正结论。

当我因修订本书而备感疲惫之际,这种信念给了我刺激,助我前行,由于关于漂移理论的文献存在于各类学科中,彻底地去探究滚雪球式的文献细节已经超越了我个人的力量。所以尽管我付出了一切努力,但本书仍

---

① H·冯·伊赫林:《大西洋的历史》(*Die Geschichte des Atlantischen Ozeans*),耶拿,1927年。
② A·魏格纳:《大陆漂移说地球物理学的理论基础》(*Die geophysikalischen Grundlagen der Theorie der Kontinentverschiebung*),载《科学杂志》(*Scientia*),1927年2月。

存在许多缺陷,甚至是不可忽视的缺陷。之所以本书能够达到综合性的程度,是因为我从相关领域的科学家那里接收到了大量的信息,我非常感激他们。

对测量学家、地球物理学家、地质学家、古生物学家、动物地理学家、植物地理学家和古气候学家而言,本书的价值与意义是均等的。它的目的不仅仅是为这些领域的研究人员提供漂移理论的重要意义和在其研究领域的实用性,还为他们提供应用的方向和确证,帮助他们在自身领域之外发现漂移理论。

与本书历史相关的一切兴趣点(也就是漂移理论的历史)将在第一章中阐述。

读者提及的关于北美洲(North America)漂移的附录证据,已经由1927年新的经度测定所证实;这一结果在本书的审校阶段首次呈现。

阿尔弗雷德·魏格纳

1928年11月

目录
Contents

第一章　历史介绍···001

第二章　漂移理论的本质及其与迄今在地质时代地表结构
　　　　形态变化的关系···008

第三章　大地测量学的争论···040

第四章　地球物理学的争论···058

第五章　地质学的争论··091

第六章　古生物学和生物学的争论··································139

第七章　古气候学的争论···171

第八章　大陆漂移的基本原则和地极位移·························203

第九章　大陆漂移的动力···225

第十章　对硅铝层的增补观察资料··································239

第十一章　对大洋底的增补观察资料·······························266

附　　录···277

第一章　历史介绍

本书的写作多少与个人兴趣有关。我首次注意到"大陆漂移"这一概念可以追溯到1910年。当时我正在观看世界地图,发现大西洋两岸的海岸线基本是吻合的。对于这一问题,起初我并未给予相当的关注,因为我认为这并无太大意义。直到1911年秋天,一次偶然的机会,我看到一份天气报告,第一次了解到,在巴西和非洲(Africa)之间曾经有陆桥相连(根据古生物学的证据)。这段文字的记载促使我开始在地质学和古生物学的范畴内进行粗略的考察,并立即得到了重要的佐证,由此,一个基本合理的观念开始植根于我的脑海。1912年1月6日,在美因河畔的法兰克福召开的地质学会上,我就这一问题第一次发表了自己的看法,并进行了演讲,题目为"从地球物理学的基础论地壳轮廓(大陆与海洋)的生成"〔Die Herausbildung der Grossformen der Erdrinde(Kontinente und Ozeane)auf geophysikalischer Grundlage〕。后来,1月10日在马堡自然科学促进协会(Society for the Advancement of Natural Science, Marburg)上,我做了第二次演讲,题目为"大陆的水平位移"(Horizontal-verschiebungen der

Kontinente）。同年，这两篇文章都得以发表。[1][2] 1912—1913年，在科赫的带领下，我参加了横跨格陵兰岛的探险。后来，因受兵役之阻，我未能对该学说做进一步的研究。1915年，我终于可以利用一个较长的病假假期对这一问题进行比较详细的论述，并写成与演讲题目同名的著作，由费威希出版公司（Vieweg）[3]出版。第一次世界大战结束后，本书需要再次出版（1920年），出版方慨然应允将本书从《费威希丛书》（*Sammlung Vieweg*）移到《科学丛书》（*Sammlung Wissenschaft*）中来，因而我可以对本书进行大量修改补充。1922年本书的第三版得以发行，这一版的内容再一次得到了根本性的提高。由于第三版印刷规模较大，我可以用几年的时间对其他问题进行研究。有一段时间，第三版书完全售罄。一系列关于这本书的译著开始问世——两种俄文版、一种英文版、一种法文版、一种西班牙文版和一种瑞士文版。在德文版的背景下，我对瑞士文版的译著进行了一定的修改，并且在1926年得以出版。

德文第四版已经得以再次校订。事实上，与前三版相比，这一版的描述几乎完全发生了改变。此前版本的写作过程中，已经有许多关于大陆漂移的综合性文献可以借鉴。这些文献受制于或赞成或反对大陆漂移的观点层面；当基于个人观点引用时，这些文献也同样表达出对于本理论或赞成或反对的意见。自1922年以来，"大陆漂移学说"问题的讨论在不同的地

---

[1] A·魏格纳：《大陆的生成》（*Die Entstehung der Kontinente*），载《彼得曼文摘》（*Petermanns Mitteilungen*），第185—195、253—256、305—309页，1912年。

[2] A·魏格纳：《大陆的生成》（*Die Entstehung der Kontinente*），载《地质评论》（*Geologische Rundschau*），第3卷，第4期，第276—292页，1912年。

[3] A·魏格纳：《海陆的成因》（*Die Entstehung der Kontinente und Ozeane*），《费威希丛书》（*Sammlung Vieweg*）第23卷，共94页，不伦瑞克，1915年；第二版，《科学丛书》（*Die Wissenschaft*）第66卷，不伦瑞克，1920年；第三版，1922年。

球科学研究领域得到发展，不过，讨论的本质在某种程度上已发生改变：大陆漂移说作为基础理论在更广泛的调查研究中，正被越来越多地应用。此外，由于最近有确切证据表明格陵兰岛正在漂移，这一现象使得许多人把大陆漂移说置于一个全新的讨论基点之上。因此，早期版本本质上所包含的只是对理论本身的介绍，并收集一个个事实来支撑理论；而现在的版本则是一个介于阐述漂移理论和概述新的研究分支之间的过渡阶段。

当我第一次从事该问题的研究时以及在后来研究工作的开展期间，不时地遇到与早期研究者们意见相左之处。早在1857年，W·L·格林（W.L.Green）就谈到"地壳碎片漂浮在地核液体上"[1]。整个地壳是在旋转——旋转时其各部分的相对位置不应改变，这一观点已被几个研究者预想到，如勒费尔霍茨·冯·科尔堡（Löffelholz von Colberg）[2]、D·克莱希高尔（D.Kreichgauer）[3]、J·W·伊凡斯等。H·韦特施泰因（H.Wettstein）所撰写的著作[4]中（除了许多空洞的浅见以外），也谈到了大陆具有大规模相对水平位移倾向的观点。在他看来，大陆——大陆

---

[1] W·L·格林：《大陆南端和全球半岛的锥形成因概述》（*The Causes of the Pyramidal Form of the Outline of the Southern Extremities of the Great Continents and Peninsulas of the Globe*），载《爱丁堡新哲学杂志》（*Edinburgh New Philosophical Journal*），第6卷，1857年；也见于《熔化的地球遗迹》（*Vestiges of the Molten Globe*），1875年。

[2] 勒费尔霍茨·冯·科尔堡：《地质时期中地壳的旋转》（*Die Drehung der Erdkruste in Geologischen Zeiträumen*），共62页，慕尼黑，1866年。（第二版为增补版，共304页，慕尼黑，1895年。）

[3] D·克莱希高尔：《地质学上的赤道问题》（*Die Äquatorfrage in der Geologie*），共304页，希太尔，1902年；第二版，1926年。

[4] H·韦特施泰因：《固态、液体及气体流动及其在地质、天文、气候、气象学上的意义》（*Die Strömungen der Festen, Flüssigen und Gasfrmigen und ihre Bedeutung für Geologie, Astronomie, Klimatologie und Meteorologie*），共406页，苏黎世，1880年。

架不在其考虑范围内——所经历的不仅仅是位移，还有变形；太阳对地球黏性体的潮汐引力导致大陆向西漂移〔该观点也被E·H·L·施瓦茨（E.H.L.Schwarz）[①]所秉持〕。不过，H·韦特施泰因也认为海洋是沉没的大陆，他表达了曾被我们忽略的奇异的见解，即所谓地理的同源性及地球表面的其他问题。和我一样，皮克林（Pickering）在其著作[②]中，从南大西洋海岸线的一致性出发，阐释了这样的假设：美洲脱离了欧—非大陆板块，从而拓宽了大西洋的广度。然而，他没有注意到一个必需的假定，即在地质史上这两块大陆直到白垩纪（Cretaceous Period）前还是连接着的。因此，他假定两块大陆连接的时间存在于朦胧而遥远的过去，认为大陆的分离与达尔文（G.H.Darwin）的假设息息相关，即月球是从地球上抛出去的，抛出去的痕迹在太平洋（Pacific Ocean）盆地仍然可见。

1909年，R·曼托瓦尼（R.Mantovani）在其一篇短文里[③]阐述了一些大陆漂移的观点，他通过不同的地图来做出解释，尽管有些部分与我不同，但在某些问题上我们的观点惊人地相似，例如，关于环绕南非洲的南部大陆的早期归类问题。W·F·考克斯沃西（W.F.Coxworthy）在1890年后出版的一本书中[④]提出的假设是，今日大陆是一个被破坏的联合大陆之部分。可惜后来我再无机会去核查该著作。

[①] E·H·L·施瓦茨：《地质杂志》（*Geological Journal*），第294—299页，1912年。
[②] 皮克林：《地质杂志》（*Journal of Geology*），第15卷第1期，1907年；也参见盖亚，第43卷，第385页，1907年。
[③] R·曼托瓦尼：《大西洋》（*L'Antarctide*），载 *Je m'instruis*，第595—597页，1909年9月。
[④] W·F·考克斯沃西：《电气条件，如何或在何处创造我们的地球》（*The Electrical Condition, or How and Where Our Earth was Created*），伦敦，1890年。

第一章 历史介绍

我也在泰勒（F.B.Taylor）的著作中①发现了与我相似的观点。泰勒的著作发表于1910年，在书中他提出假定，各个大陆在第三纪（Tertiary Period）的水平位移并非微不足道，其水平位移和第三纪大褶皱系统密切相关。事实上他几乎得到了与我同样的结论，例如，关于格陵兰岛与北美洲分离的问题。对于大西洋这个案例，他认为，大西洋只有其中一部分是由于美洲大陆块漂离而形成的，而其余部分则是由于陆块沉没，并构成了大西洋中脊（Mid-Atlantic Ridge）。这一观点与我的观点并不存在本质上的不同。因为这个原因，美国人有时也称漂移理论为魏格纳—泰勒理论。然而，在阅读泰勒的著作时，我的印象是：他的主要目标是找到大山系分布的形成机理，并相信这一机理可以在大陆从极地地区漂移的事实中发现。因此，我的印象是这样：泰勒一连串大陆漂移的概念仅仅起到了辅助作用，并且只是给出了一个粗略的解释。

当我开始熟知这些作品，包括泰勒的著作时，我已经形成了大陆漂移理论的主要框架，而其中一些内容我是后来才知晓的。今后的著作中，人们将发现某些与大陆漂移学说相近似的论点，关于这个论题的历史调查我没有进行下去，而且也不打算在本书中呈现。

---

① F·B·泰勒：《第三纪造山带与地壳起源计划的关联》（Bearing of the Tertiary Mountain Belt on the Origin of the Earth's Plan），载《美国地质学会会刊》（Bulletin of the Geological Society of America），第21卷第2期，第179—226页，1910年6月。

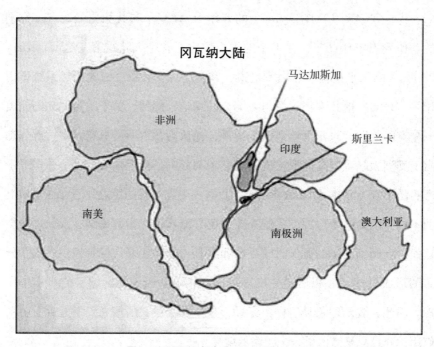

图1-1 冈瓦纳古陆（Gondwanaland）

冈瓦纳古陆，又叫南方大陆、冈瓦纳大陆，是关于存在于南半球的古大陆的推测。奥地利地质学家苏斯（E.Suess）于1885年在《地球的面貌》（*The Face of the Earth*）一书中提出这一概念，从下部的冰碛层到较上部的含煤地层统称为冈瓦纳岩系。学术界通常认为，该古陆在中生代（Mesozoic Period）开始解体，新生代期间逐渐迁移到现今位置

第一章 历史介绍

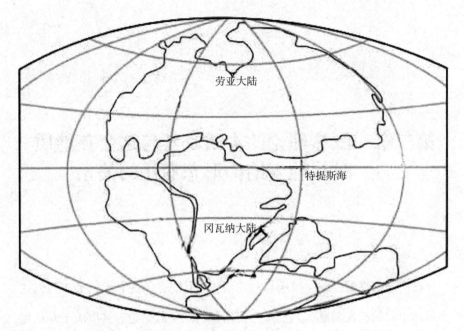

图1-2 劳亚古陆（Laurasia）

　　劳亚古陆，又称北方大陆。根据板块构造理论，它是1937年由南非地质学家杜德瓦假想出来的曾经位于北半球的古大陆。劳亚古陆是劳伦亚古陆块和欧亚陆块的联合名称。劳亚古陆同南方古陆（冈瓦纳古陆）隔着一个古地中海（特提斯海）。现在的一些北半球大陆，如北美、格陵兰和除印巴次大陆以外的欧亚大陆，都是劳亚古陆在古生代（Palaeozoic Period）以后分裂和迁移的结果。

　　特提斯海，又称古地中海，是北方劳亚古陆和南方冈瓦纳古陆间长期存在的古海洋。1893年，奥地利地质学家苏斯借用古希腊神话人物将之命名为"特提斯海"

007

第二章 漂移理论的本质及其与迄今在地质时代地表结构形态变化的关系

有一个奇怪的现象,说明目前我们知识状态的不完备性:关于我们这个星球史前的状况问题,人们常会得出截然相反的结论,这取决于是从生物学还是从地球物理学的视角来回答这个问题。

古生物学家,甚至连动物学家、植物地理学家们也一再得出结论:现在那些被宽广的海洋所隔开的大多数大陆,在史前时代一定由陆桥相连;跨越这些彼此相连的"立交桥",陆地动物和植物区系曾发生交换。古生物学家得出此推断是源于这一状况:很多已知的相同物种生活在不同的大陆,不可思议的是,它们本该有着相同的起源,但却存在于彼此独立的区域。此外,在当代动物或植物化石区系中能够发现完全相同的生物化石,这种现象的比例非常有限。考虑到只有一小部分生活在史前时代的生物以化石形式保存至今并被发现这一事实,上述现象就很容易解释清楚了:即使两个大陆生物群曾经是绝对相同的,但在我们不完备的知识状态下,也必然意味着在这两个区域内的生物群只有一部分是相同的,而其他部分有较大的差异。此外,在很明显的情况下,即使交换的可能性是不受限制

第二章 漂移理论的本质及其与迄今在地质时代地表结构形态变化的关系

的，两个大陆上的生物体也不会都是完全相同的。例如，即使在今天的欧洲（Europe）和亚洲（Asia），无论如何也没有完全一致的植物和动物区系。

目前动物界和植物界的比较研究得出了相同的结论。今天在两个大陆发现的物种确实有差异，但其生物种属和家族仍然是同一的，即今天的生物种属或家族在史前时代曾经是同一个物种或家族。以此推理，现今的陆生动物群和植物群之间的关系所导致的结论是：它们曾经相同，彼此之间有一定的交流，并且只能通过宽阔陆桥的方式进行；只有在那座陆桥被打破后，植物群和动物群才被细分为今天的多样化状态。可以毫不夸张地说，如果我们不接受昔日大陆相连的观点，那么，地球生命的整体演化和现代生物的亲和力（Affinities of Present-day Organisms）均发生在广泛分离的大陆上，这一事实将成为一个难解之谜。

这是其中的一个例证。L·F·博福特（L.F.Beaufort）写道："许多事例表明，如果不借助陆桥说，动物地理学本身对动物的分布不可能给予合理的解释。陆桥说正如马修（Matthew）所言：假定现在彼此分离的大陆之间的确曾经有连接——不仅彼此之间曾有大陆桥，只有一些小板块漂移走，而且曾经相连的大陆块现在已被深深的海洋所分隔。"① （T·阿尔德特阐述道："当然，今天仍有陆桥理论的反对者，其中，G·普费弗（G.pfeffer）特别值得一提。他说，这些种类曾经或多或少普遍存在。如果普费弗的这一结论不能够令人完全信服，那么他由此而得出的进一步结论就

---

① L·F·博福特："*De beteekenis van de Theorie van Wegener voor de zoögeografie*"，载 *Handelingen van het XXe Nederlandsch Natuur-en Geneeskundig Congress*，格罗宁根，1925年4月14日、16日。

更缺乏说服力。他认为，即便在南半球有不连续分布，在北半球又没有化石证据，我们也应当假定在各种情况下，动植物都是普遍分布的，如果他想仅仅通过北部大陆和地中海桥之间的迁移解释分布异常，那么这个假设依据的是一个非常不确定的基础。"①南部大陆上的动物亲缘关系可以通过陆桥的直接迁移来解释，这与从北方迁徙地区平行迁移相比，解释更简单、更彻底，并不需要进一步的解释。）很明显，有许多人质疑这一理论解释。多数情况下，对从前的陆桥的假定是基于非常薄弱的证据的，而且这一研究的进展也未被证实。而关于大陆连接何时破碎和现代大陆何时开始分离的讨论，仍未取得完全一致的认同。然而，就这些古老陆桥的重要性来说，今天的专家们已经取得了令人满意的一致意见，不论他们的结论是依据哺乳动物或者蚯蚓的地理分布，还是依据植物的地理分布，或者世界上其他生物的地理分布而得出的。T·阿尔德特②凭借20位科学家的陈述或地图绘制了一张选票表，对不同地质时期不同陆桥的存在性进行同意或否决投票。对于四个主要陆桥，我以图形方式展示了结果，三条曲线分别显示每座陆桥的年龄、反对票票数以及这两者之间的差异，赞成票则通过适当的阴影区域来显示。因此，根据大多数研究人员的研究结果，第一个部分一边显示的是澳大利亚和印度次大陆（India）之间的陆桥，另一边显示的是马达加斯加岛（Madagascar）和非洲（冈瓦纳古陆）之间的陆桥，从寒武纪（Cambrian Period）开始持续存在到侏罗纪（Jurassic Period）早期，但随后不久就瓦解了。第二个部分显示的是南美洲（South America）

---

① T·阿尔德特：《南大西洋的关系》（Südatlantische Beziehungen），载《彼得曼文摘》（Petermanns Mitteilungen），第62卷，第41—46页，1916年。
② T·阿尔德特：《古地理手册》（Handbuch der Paläogeographie），莱比锡，1917年。

第二章 漂移理论的本质及其与迄今在地质时代地表结构形态变化的关系

与非洲（Africa）之间的旧陆桥，它在中白垩纪时期断掉了。后来，在白垩纪与第三纪的过渡期，大多数人认为马达加斯加与德干（利莫里亚，Lemuria）之间的旧陆桥已破裂（见图2-1的第三部分）。北美洲和欧洲之间的陆桥则变得非常不规则，如第四部分所示。尽管曲线的表现方式频繁变化，但是在此仍有一个实质性的争议。人们认为在寒武纪和二叠纪（Permian Period）时期，两个大陆（北美洲和欧洲）的连接是被反复扰动的，从侏罗纪到白垩纪时期亦是如此。显然，这只是浅度"海进"，在海进之后又恢复了连接。然而，两个大陆的连接最终破裂，现在对应着一个广阔延伸的大洋，这一情形只发生在第四纪（Quaternary Period），至少在格陵兰岛北部一带。

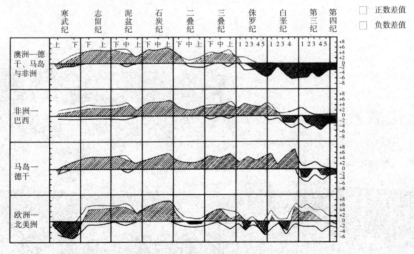

图2-1 寒武纪以来关于四个陆桥存在性问题的投票

上曲线代表支持者的票数，下曲线代表反对者的票数。两者之间的正数差值由斜线阴影代表，两者之间的负数差值则由交叉线阴影代表。

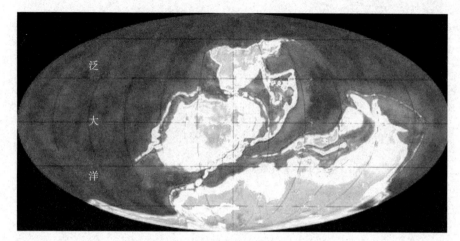

图2-2　46亿年前地球的海陆分布

图2-3　前寒武纪生物复原图

自地球诞生至6亿年前的漫长地质时代,曾称"隐生宙",目前划分为太古宙和元古宙

第二章 漂移理论的本质及其与迄今在地质时代地表结构形态变化的关系

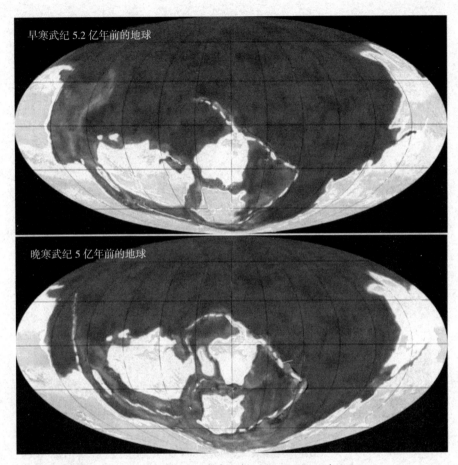

图2-4 寒武纪（Cambrian Period）

距今5.42亿—4.88亿年的地质时代，也是学术界关注的生物大爆发时代（Cambrian Explosion），代表生物如三叶虫、鹦鹉螺、奇虾等

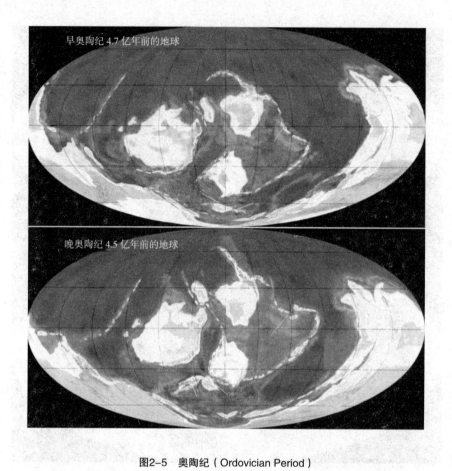

图2-5 奥陶纪(Ordovician Period)

距今4.88亿—4.4亿年的地质时代,是地球上"海进"发生最广泛的时期。在这一时期,原始脊椎动物开始出现

第二章　漂移理论的本质及其与迄今在地质时代地表结构形态变化的关系

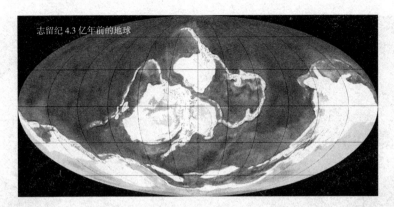

图2-6　志留纪（Silurian Period）

距今4.4亿—4.1亿年的地质时代。在这一时期，陆生植物特别是裸蕨植物首次出现

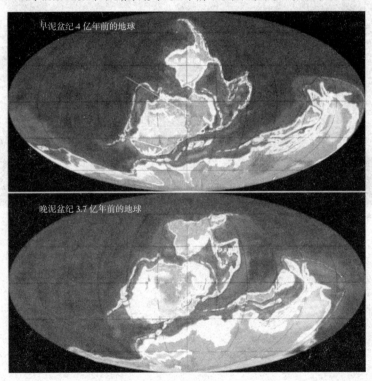

图2-7　泥盆纪（Devonian Period）

距今4.1亿—3.6亿年的地质时代，也被称为"鱼类时代"

015

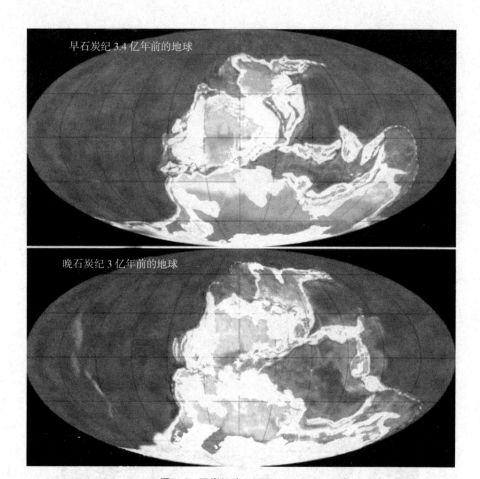

图2-8 石炭纪（Carboniferous Period）

距今3.6亿—2.99亿年的地质时代，是植物大繁盛时代

第二章　漂移理论的本质及其与迄今在地质　时代地表结构形态变化的关系

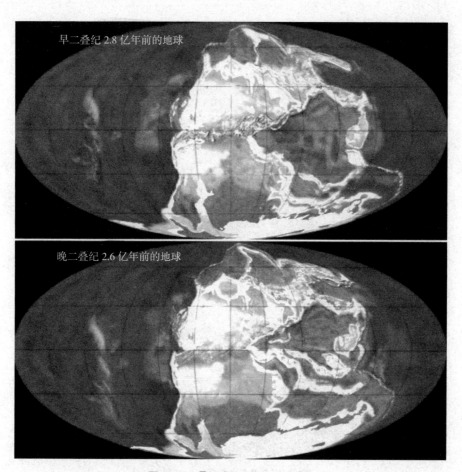

图2-9　二叠纪（Permian Period）

距今2.99亿—2.5亿年的地质时代，是地壳剧烈运动时期，陆续形成褶皱山系，也是重要成煤期

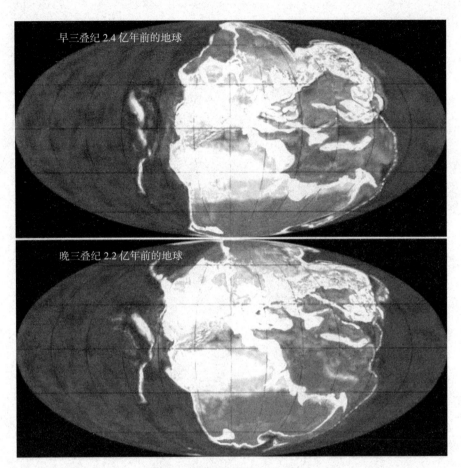

图2-10 三叠纪（Triassic Period）

距今2.5亿—1.99亿年。在这一时期，盘古大陆形成，爬行动物和裸子植物崛起，发生两次生物灭绝事件

第二章　漂移理论的本质及其与迄今在地质　时代地表结构形态变化的关系

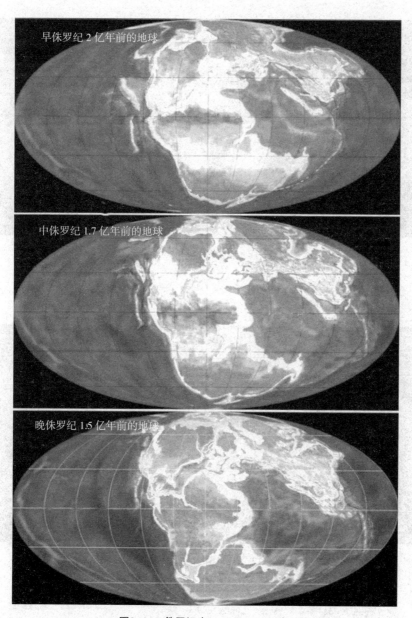

图2-11　侏罗纪（Jurassic Period）

距今1.99亿—1.45亿年。盘古大陆此时真正开始分裂，大陆地壳上的裂缝生成了大西洋，非洲开始从南美洲裂开，而印度板块则准备移向亚洲。此时期是最繁盛的恐龙时代

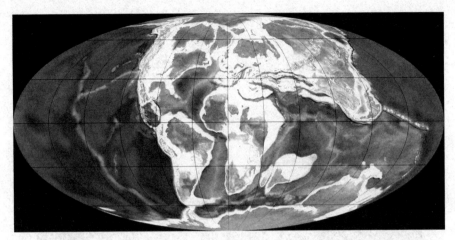

图2-12 白垩纪（Cretaceous Period）

距今1.45亿—0.65亿年。白垩纪的气候相当温和，海平面的变化大；陆地生存着恐龙，海洋生存着海生爬行动物、菊石以及厚壳蛤；新的哺乳类、鸟类出现；开花植物也首次出现

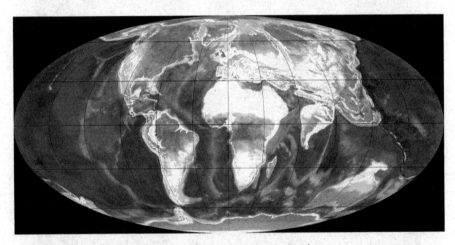

图2-13 第三纪（Tertiary Period）

距今6 500万—260万年，标志着"现代生物时代"的来临。在地质发展上，晚第三纪（Neogene Period）全球海、陆轮廓已很接近于现今

第二章 漂移理论的本质及其与迄今在地质时代地表结构形态变化的关系

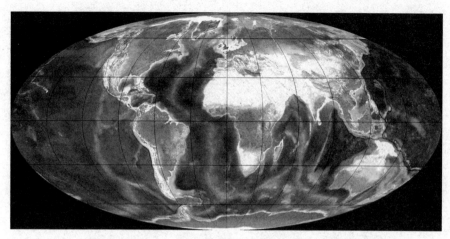

图2-14　第四纪（Quaternary Period）

距今约260万年前。在这一时期，人类出现，地震火山活跃，冰川运动，海平面升降等

　　本书将对许多细节进行处理。这里仅强调一点，到目前为止，还没有考虑到陆桥理论的内容，但这非常重要：这些被假设的前陆桥，不但是指今日的白令海峡、浅海大陆架，或者洪水填满的海沟，而且包括海洋之下的区域这种类型。图2-1中的四个例子都包含最后这种类型。之所以特意选择这些例子，是因为它们清晰地表明漂移理论这一新概念恰恰源于此。

　　既然想当然地认为大陆板块——不论高于或没于海平面——在地球的整个发展历史中保持着它们的相互位置未曾改变，那么，人们只能去假设。假定地球上存在着某种中间大陆形态，它们当时沉到海平面以下，当陆地的动植物交换停止时，形成了现在分离大陆之间的洋底。众所周知，古生物学的重建就是在此假设的基础上引发的，其中的一个例子为石炭纪。

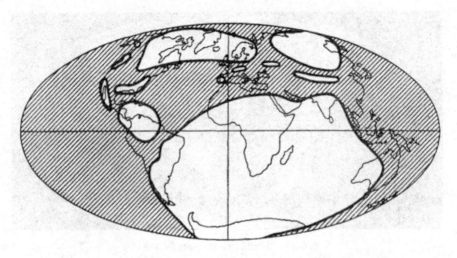

图2-15　石炭纪地球的海洋（阴影）与陆地分布（按照常规观点绘制）

事实上，中间大陆下沉的假设是最明显的结论。只要人们站在地球的收缩或皱缩理论的立场，就必须对这一结论作仔细审查。该理论首次出现在欧洲，它由戴纳（Dana）、A·海姆（A.Heim），特别是苏斯等人开创并发展起来，直至今日，它仍然是大多数欧洲地质教科书（Lehrbuch der Geologie）中居于主导地位的基本理念。该理论的本质由苏斯做出了最简洁的表达："地球的瓦解由我们见证。"[1]正如一只干瘪的苹果，由于内部水分的损失而在表面形成皱纹，地表因为冷却收缩从而形成褶皱山脉。由于地壳收缩，一个整体的"拱形压力"作用于地壳，使各个部分保持隆起。所以说，这些块垒由拱形压力所支撑。在未来一段时间内，这些留在后面的部分可能比其余部分下沉得更快，从而使干燥的陆地成为海底。这一观点由莱尔（Lyell）提出，并且基于这一事实，人们发现大陆上到处都

---

[1] E·苏斯：《地球的面貌》（*Das Antlitz der Erde*），第1卷，1885年。

第二章 漂移理论的本质及其与迄今在地质时代地表结构形态变化的关系

是从前的海洋沉积物。不可否认，在很长时段内，这一理论为完善我们的综合地质知识提供了历史性的服务。而且，由于这一时段如此长久，收缩理论应用于大量的个人研究，且其结论都具有一致性。因其大胆而朴素的概念和广泛多样的应用，即使是今天它仍拥有一定程度的吸引力。

自从综合性的地质知识成为令人印象深刻的主题以来，苏斯从收缩理论立场入手，撰写了四卷本的《地球的面貌》（*Das Antlitz der Erde*），但有越来越多的人质疑其基本理念的正确性。所有的隆起是唯一明显的，而其他剩余部分则形成由地壳走向地球中心的趋势，这一概念被"地球绝对隆起的检测"[1]所驳斥。一个连续的无处不在的拱形压力概念，已经引发了对最上端地壳理论基础的争议，并且由H·赫格塞尔（Hergesell）[2]证明该说法是站不住脚的，因为由东亚与东非裂谷的结构可推断出地壳大部分存在着拉伸力。由于地球内部收缩而引发地壳起皱和山脉褶皱这一概念导致了一个不可接受的结果，即压力在地球内部传播将使地壳旋转180°。许多学者，如O·阿姆斐雷（O.Ampferer）[3]、雷耶（Reyer）[4]、M·P·鲁茨基（M.P.Rudzki）[5]和K·安德雷（K.Andrée）[6]，对此颇为反对，他们

---

[1] A·彭克：《地壳上升与沉降》（*Hebungen und Senkungen*），载《大气与地球》（*Himmel und Erde*），第25卷，第1期和第2期（独立刊行）。

[2] H·赫格塞尔："Die Abkühlung der Erde und die Gebirgsbildenden Kräfte"，载《地球物理学报》（*Beiträge zur Geophysik*），第2卷，第153页，1895年。

[3] O·阿姆斐雷：《褶皱山脉的运动方式》（*Über das Bewegungsbild von Faltengebirgen*），载《全德地质研究所年报》（*Jahrbuch der k. k. Geologischen Reichsanstalt*），维也纳，第56卷，第529—622页，1906年。

[4] 雷耶：《地质学的基本问题》（*Geologische Prinzipienfragen*），莱比锡，1907年。

[5] M·P·鲁茨基：《地球物理学》（*Physik der Erde*），莱比锡，1911年。

[6] K·安德雷：《造山运动的条件》（*Über die Bedingungen der Gebirgsbildung*），柏林，1914年。

声称地球的表面将不得不进行定期的整体起皱，如干瘪皱皮的苹果。然而，在阿尔卑斯山脉（Alps）发现的如鱼鳞状的"单层断裂结构"或逆掩断层是很独特的，这给解释山脉生成的收缩理论带来很多难题，似乎显得证据越来越不充足。在贝特朗（Bertrand）、H·沙尔特（H.Schardt）、吕荣（Lugeon）和其他人的著作中提出了阿尔卑斯山和其他山脉结构的新概念，导致了一个比早期理论更大的压缩比概念。按照以前的概念，海姆计算的阿尔卑斯山脉收缩50%的距离是以单断层理论为基础；现在普遍接受的结果是，初始跨度的收缩必须是原距离的1/4或1/8。[1]由于今日阿尔卑斯山脉宽度约为150千米，依此情况计算，它必然是由宽度达到600~1 200千米（跨5~10个纬度）的一段地壳压缩而成的。但是，近年来阿尔卑斯山脉大规模的单层断裂综合体表明，压缩距离必须更大。R·斯托布（R.Staub）[2]与阿尔冈（Argand）对此问题意见一致，他在其著作的第257页总结道：

"阿尔卑斯造山运动是非洲板块北向漂移的结果。如果我们把德国黑森林（Black Forest）与非洲之间的阿尔卑斯山褶皱和板块碎片平整为一个横切面，会发现今日两者之间的距离约有1 800千米，而两者之前的原始距离必须有3 000至3 500千米，这样就意味着阿尔卑斯山（在更广泛意义上，'阿尔卑斯山'无愧于'高山'这一对应词）的压缩可达到约1 500千米。这就是非洲相对于欧洲的位移距离。这里涉及的是真实的非洲大陆漂移，也是一个广泛的案例。"（高山压缩规模的估计值始终在增加。斯

---

[1] A·海姆：《瑞士阿尔卑斯山的构造》（*Bau der Schweizer Alpen*），载《自然科学新年报》（*Neujahrsblatt der Naturforschung -Gesellschaft*），第110期的部分，苏黎世，1908年。
[2] R·斯托布：《阿尔卑斯山的构建》（*Der Bau der Alpen*），载《瑞士数据地质地图》（*Beiträge zur Geologischen Karte der Schweiz*），N.F.，第52期，柏林，1924年。

第二章　漂移理论的本质及其与迄今在地质时代地表结构形态变化的关系

托布最近写道:"不管怎样,现在如果我们去想象,这些高山褶皱正如床单一般可能被堆叠了12倍,然后再一次次地抚平……那么坚实的高山腹地将必然位于更远的南部,前缘与腹地之间的原始距离可能是今天的10至12倍。"①他补充说,"因此,山脉形成之起源相当明确,它来自独立漂流的大板块,是经由排列与组合的大陆块;因此,从高山地质和汉斯·沙尔特的薄板理论出发,我们会明显而自然地得到一个确认的基本原则,那就是伟大的魏格纳大陆漂移理论。"②)

图2-16　阿尔卑斯山脉

阿尔卑斯山脉是第三纪阿尔卑斯造山运动的结果,位于欧洲中南部,覆盖了意大利北部边界、法国东南部、瑞士、列支敦士登、奥地利、德国南部及斯洛文尼亚。阿尔卑斯山脉自北非(North Africa)阿特拉斯延伸,穿过南欧和南亚,一直到喜马拉雅山脉(Himalayas)。从亚热带地中海海岸法国的尼斯附近向北延伸至日内瓦湖,然后再向东北伸展至多瑙河上的维也纳。阿尔卑斯山脉呈弧形,长1 200千米,宽130~260千米,平均海拔约3千米,总面积约为22万平方千米。

---

① R·斯托布:《现代地质学的褶皱问题》(*Das Bewegungsproblemin der Modernen Geologie*),来自其就职演讲辞,苏黎世,1928年。
② R·斯托布:《地球的运动机制》(*Der Bewegungsmechanismus der Erde*),柏林,1928年。

其他地质学家也提出类似的观点，如F·赫尔曼（F.Hermann）[①]、E·亨尼格（E. Hennig）[②]或F·考斯马特（F.Kossmat）[③]认为："山脉的形成必须解释为地壳的大规模切线运动，而不能简单地纳入收缩理论范围。"在亚洲案例中，E·阿尔冈（E.Argand）[④]在其综合调查过程中特别发展出一个类似的理论，我们稍后讨论它。他和斯托布一样对阿尔卑斯山做了相同的判断。没有人试图把这些巨大的地壳压缩力同地球核心的温度关联起来，因此都是失败的。

很显然，收缩理论的基本假设极为明显，即地球是持续冷却的，在镭元素未发现之前，它处于全面的收缩期。镭元素衰变时持续产生热量，其可测量的总量无处不在，包含在我们可接触到的地球岩石地壳中。诸多测量得出的结论是，即使内部镭含量相同，其在中心所产生的热量仍要比其从中心向外围传导多得多。考虑到岩石的热导率，我们能够测量到矿井的深度增加而温度上升。然而，这意味着地球的温度应该是持续上升的。当然，铁陨石的放射性极低，这表明地核中的铁大概比地壳中的镭含量少很多，因此这一矛盾的结论或可避免。无论如何，我们不可能再像从前那样考虑这个问题：把地球的热状态看成是一个曾经处于较高温度的球，其冷

[①] F·赫尔曼：《古地质学的半岛成因》（*Paléogéographie et Genèse Penniques*），（Eclog Geologic Helvet），第19卷，第3期，第604—618页，1925年。

[②] E·亨尼格：《有关地壳结构力学的问题》（*Fragen zur Mechanik der Erdkrusten-Struktur*），载《科学杂志》（*Die Naturwissenschaften*），第452页，1926年。

[③] F·考斯马特：《对魏格纳大陆漂移说的探讨》（*Erörterungen zu A. Wegeners Theorie der Kontinentalverschiebungen*），载《柏林地质学会杂志》（*Zeitschrift der Gesellschaft für Erdkunde zu Berlin*），1921年。

[④] E·阿尔冈：《亚洲的地质构造》（*La tectonique de l'Asie*），1922年国际第十三届地质学大会论文，列日，1924年。

却过程是一个暂时性的阶段。目前人们认为，它处于一个热平衡状态，地核核心生产放射性热量，而热量又损耗到太空。实际上，调查数据显示，至少在大陆板块之下，产生的热量比损耗的热量多，因此这里的温度一定是上升的；然而在海洋盆地中，热量传导则要超过热量生产。把地球作为一个整体来看，这两个过程形成了热量生产率和损失率之间的平衡。不管怎样，人们至少明确了一点，通过这些新观念，收缩理论的基础已经完全消除。

证明收缩理论及其思维模式的不当，其实还存在一些困难。大陆和海底之间存在着无限周期的交换，这个由现今大陆上的海洋沉积物所揭示的概念必须要严格界定。这是因为随着对这些沉积物更精确的调查，会越来越清晰地显示出所涉及的沿海水域沉积物是什么。许多沉积矿床，曾被断言来自深海，却被证实来自沿海。一个例子是白垩层，这已由卡耶（Cayaux）证明。E·达凯（E.Dacqué）[1]对此已给出好评。只有极少数类型的沉积物，如低石灰质的高山放射虫硅质岩和某些红黏土是在深水域（4~5千米）中形成的，因为只有深海海水才能溶解石灰质，但直到今天这仍然是个假定的结论。然而，就各大洲而言，相对于近海沉积物的面积来说，这些真正的深海沉积物的面积是如此之微小；当今大陆上海相化石的基本浅水性质并未受到影响。然而，对收缩理论而言，出现了一个相当大的难题。依照地球物理学，沿海浅滩必须是大陆的一部分，因为大陆块是"永久"的，在地球历史上从未形成大洋底。我们今天仍然要假设海底是曾经的大陆吗？这个假设显然是通过大陆上发现的海洋沉积物形成于浅

---

[1] E·达凯：《古地理学的理论基础与方法》（*Grundlagen und Methoden der Paläogeographie*），耶拿，1915年。

滩而确立的。不止于此,这一假设导致了一个开放性的矛盾。如果我们复原洲际陆桥的类型,在没有补偿的可能性之下,通过淹没现在的大陆地区直到海平面,填平今天的大洋盆地,那么体积减小的海洋盆地不可能有足够的空间来容纳全部海水。洲际陆桥之间的水量如此巨大,使地球海洋的海平面升高,并超越整个地球大陆,所有的区域都被淹没,一如今日的大洲和陆桥。因此洲际陆桥的复原最终不会如愿,即大陆之间形成干燥的陆桥。因此,图2-15代表着一个不可能的复原,除非我们提出一个进一步的假说,它具有"临时"罕见性,例如,以前的海水水量比今天所需的更少,或者当时的海洋盆地比今天的更深。B·威利斯(B.Willis)和A·彭克(A.Penck)等人给我们带来这种奇异的难题。

　　在关于收缩理论的反对观点中,我们将再举一例加以强调,它非常重要。地球物理学家根据重力测定理论认为地壳漂浮在相当密集的黏性基质上,处于流体静力平衡状态。这一状态被称为地壳均衡说,是根据阿基米德原理(Archimede's Principle)得出的,这只不过是流体静力学的平衡,即浸入物体的重量等于排水量。关于地壳状态具有如下要点:因为地壳沉浸于液体中,该液体具有很高的黏度,当平衡状态被扰动后,其恢复趋势只能极端缓慢地进行,甚至需要许多年才可完成。在实验室条件下,这一"液体"几乎不可能与"固体"区分开来。然而,在此应牢记一点,以钢铁为例,即使我们认定它是固体,在其破裂之前,仍然存在有典型的流动现象。

　　地壳负载内陆冰盖是干扰地壳均衡说的一个例子。其结果是,地壳在这种负载下缓慢下沉,并趋向一个对应负载的新平衡位置。当冰盖融化,初始平衡位置逐步恢复,海岸线在冰盖下沉过程中形成,并随着

第二章　漂移理论的本质及其与迄今在地质时代地表结构形态变化的关系

地壳升高。德·盖尔（de Geer）①依据海岸线所绘制的"等基线图"显示，在最后一次冰川期，斯堪的纳维亚半岛（Scandinavia）中部至少下沉了250米，而周边区域则逐渐递减；对于最广泛的第四纪冰期而言，必须假定其下沉数值更高。根据赫格布姆（Högbom）的研究——引自A·鲍恩（A.Born）②的观点，我们在图2-17中复制了"芬诺斯堪底亚"（Fennoscandia）后冰川期的海拔图表。德·盖尔已证明同样的现象曾发生在北美洲的冰川区。鲁茨基指出，假定地壳均衡，合理的内陆冰层厚度值是可以计算出来的，即在斯堪的纳维亚为930米，在北美洲为1 670米，而北美洲的沉降幅度总计达500米。因为地壳基板的黏度使平衡流动自然滞后，海岸线一般只在冰川融化后形成，在那之前形成的是陆地海拔，即使在今天，陆地海拔仍在上升，如斯堪的纳维亚的海拔在100年内上升了约1米。

沉积体导致板块沉降这一现象也许是奥斯蒙德·费舍尔（Osmond Fisher）第一个认识到的：来自上面的每一个沉积体都导致板块的沉降，偶尔会有延时，因此新表层与旧表层几乎居于相同的水平面。这样好几千米厚度的沉积层就产生了，而所有的堆积层都在浅水区形成。

稍后我们将更严密地审视地壳均衡说。简单来说，它是通过地球物理学广大范围的观测数值建立起来的，它的一部分现在已成为地球物理学的

---

① 德·盖尔：《关于冰期后的斯堪的纳维亚的地理演化》（*Om Skandinaviens Geografiska Utvekling efter Istiden*），斯德哥尔摩，1896年。
② A·鲍恩：《均衡说和重力》（*Isostasie und Schweremessung*），柏林，1923年。

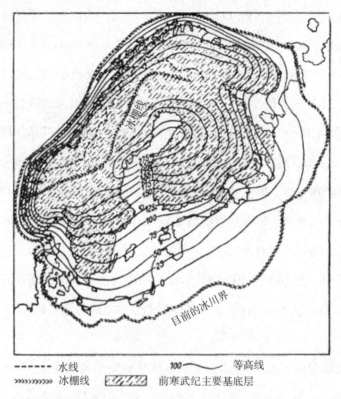

图2-17 后冰期时代芬诺斯堪底亚等高线图（单位为米，据赫格布姆绘）

坚实基础，其基本真理不再被怀疑。（F·B·泰勒①有时会通过"地壳均衡说"来表述鲍伊关于地槽和山脉起源的理论。依照鲍伊②的观点，沉积盆地的初始高程、地槽，由于它们的等温线上升而崛起，造成体积膨胀。一旦如此，将导致陆地海拔抬升、系列侵蚀发生、锯齿状的山脉形成；由于负载减少，此处基台会不断上升。最后，等温线随着海拔被提升到一个

---

① F·B·泰勒:《亚洲和地壳均衡说》（*Greater Asia and Isostasy*），载《美国科学杂志》（*American Journal of Science*），第47—67页，1926年7月。
② W·鲍伊:《地壳均衡说》（*Isostasy*），纽约，1927年。

异常高度，然后开始缓慢下移；陆块开始冷却和收缩，地表下沉；由山脉区域形成下陷，新的沉淀再次发生。当等温线达到异常低的水平时，进一步的下陷或沉降发生，然后等温线再度上升，如此循环往复许多周期。带有逆掩断层的巨大褶皱山系，当然不能应用此概念，正如泰勒和其他人所强调的，确实可以应用地壳均衡原理，但不应该被简单地冠之为"均衡理论"。）

显而易见，均衡理论与地壳收缩理论背道而驰，并且两者很难结合起来。特别是以均衡原则来看，这似乎是不可能的。一个大陆块的规模与一个陆桥所需的规模要达到一致，在没有负载时它们可能会下沉到洋底，否则将会发生翻转。因此，地壳均衡说不仅与地壳收缩理论矛盾，而且与伴随着生物分布规律的沉没陆桥理论相矛盾。（对收缩理论的反对意见，此处列举的主要是其典型的早期形式。最近，学者们或通过对该理论进行部分的限定，或通过增加一些假说，已经试图使收缩理论更具有现代特点，从而能够回应那些反对的观点。这些形形色色的著书立说的学者包括L·科伯[1]、H·斯蒂尔[2]、F·诺尔克[3]和H·杰弗里斯[4]等。罗林·T·张伯伦[5]认为由地球上的物质"重排"所导致的收缩造成了地球的小行星起源问题。由于罗林·T·张伯伦的宣扬，这一理论被人们接受。虽然不能否认这些学者在达到目的的过程中的机敏巧言，但不能说他们真的驳倒了

---

[1] L·科伯：《地球的构造》（*Der Bau der Erde*），柏林，1921年。
[2] H·斯蒂尔：《地球的褶皱》（*Die Schrumpfung der Erde*），柏林，1922年。
[3] F·诺尔克：《地质学假说》（*Geotektonische Hypothesen*），柏林，1924年。
[4] H·杰弗里斯：《地球：其起源、历史及物理构成方式》（*The Earth: Its Origin, History and Physical Constitution*），剑桥大学，1924年。
[5] 罗林·T·张伯伦：《魏格纳理论的反对意见》（*Objections to Wegener's Theory*），关于大陆之间和大陆内部陆地板块的起源与运动之专题讨论会，美国石油地质学家协会（共240页），伦敦，1928年。

反对意见,也不能说他们所带来的收缩理论与新研究达到了令人满意的效果,特别是在地球物理学领域。反而是,这一理论需要深入的讨论。)

在前文中,我们谨慎地谈到了收缩理论反对意见中的一些细节。因为这个理论中备受争议的部分是被美国地质学家广泛认可的"永久论",对理论本身而言,这也是根基所在。B·威利斯对该理论阐述如下:"巨大的海洋盆地构成地球表面的永久性特征,自海水首次聚集以来,其形状鲜有变化,且占据着和现在一样的位置。"[1]事实上,当今大陆海洋沉积物形成于浅水水域,由此我们推断,大陆块在整个地球的历史上是永久性的存在。地壳均衡理论证明了某种不可能的情况,即现今的洋底是沉没的大陆,这拓展了海洋沉积物的存在范围,即包括永久的深海板块和大陆板块。进一步来说,这个明显的假设是大陆并未改变它们的相对位置,威利斯"永久性理论"的构想似乎是一个合乎地球物理知识逻辑的结论。当然,该构想忽视了从前陆桥的假定及其衍生生物的分布状况。所以,出现了一个奇怪景象,即关于地球史前结构的两个完全矛盾的理论同时被认可:在欧洲几乎普遍坚持的是前陆桥理论,而在美国则是海洋盆地和大陆板块永久论。

永久论在美国信徒众多并非偶然,地质学在此发展得较晚,是与地球物理学同时在这里发展起来的,这些必然导致他们比欧洲研究者更快速、更完全地采用地质学及相关科学的成果。因此,与地球物理学相抵触的收缩理论在美国没有市场,而地球物理学是永久论基本假设之一。在欧洲则完全不同,地球物理学产生之前,地质学已经有了很长时间的发展,欧洲

---

[1] B·威利斯:《古地理学原理》(*Principles of Palaeogeography*),载《科学》(*Science*),第31卷,第790号,第241—260页,1910年。

第二章 漂移理论的本质及其与迄今在地质时代地表结构形态变化的关系

未曾从地球物理学中获益,就已经以收缩理论的形式全面地了解了地球的进化。许多欧洲科学家很难从传统中完全摆脱出来,他们对地球物理学结果的不信任从未完全消失,这也是非常令人理解的。

地球在一个时间只能对应一个构造形态。然而,真相在哪里呢?是今天的陆桥还是由宽广的海洋隔开了大陆?如果我们不想完全放弃对地球上生命演化的理解,那么就不可能否认前陆桥的假设,也不可能忽视永久论倡导者的理论依据,他们否认沉没的中间大陆的存在。那些清晰的遗骸显示了一种可能性:在所有宣称的假设中一定存在隐藏的错误。

这就是位移理论或大陆漂移理论的起点。陆桥理论和永久论拥有一个基本"明显"的共同假设,即不管浅水覆盖的变量如何,大陆之间的相对位置从未改变。该假设一定是错误的,因为大陆一定曾经漂移过。南美洲与非洲连接在一起形成统一陆块,在白垩纪分裂成两块。在数百万年的时间里,这两个部分就像水中破碎的浮冰块,越来越远离。这两个陆块的边缘,甚至在今天也引人注目地一致。不仅是巴西海岸圣罗克角(Cape São Roque)所形成的大矩形弯曲,可以和弯曲的非洲喀麦隆(Cameroons)海岸相契合,而且在这些两两对应点的南部,巴西一侧的凸起必然对应非洲一个全等的海湾,反之亦然。罗盘和地球仪测量显示,这些尺寸大小都是精确相等的。

以同样的方式,北美洲一度位于欧洲旁边,连同格陵兰岛形成了一个连贯的大陆块,至少在纽芬兰岛(Newfoundland)和爱尔兰(Ireland)以北是如此。这个陆块在第三纪晚期第一次破裂,形成格陵兰岛的叉形的裂谷,更北一带在第四纪晚期才破裂,以后大陆块就彼此远离漂移开来。南极(South Pole)大陆、澳大利亚、印度次大陆和非洲南部在侏罗纪初期并肩相连，它们和南美洲一起接合为一个单一大陆，部分区域曾被浅海覆盖。该陆块在侏罗纪、白垩纪和第三纪等地质期间分裂为破碎的小块，这些子块向四方漂散。我们有三张世界地图〔上石炭纪、始新世（Eocene Period）和早第四纪〕，显示了这一进化的过程。至于印度板块的情况，进程有点不同：它原来是以一个长形地带和亚洲大陆相连，虽然其主体部分淹没于浅海。印度板块一方面与澳大利亚分离（在早侏罗纪），另一方面和马达加斯加岛分离（在第三纪到白垩纪的过渡期），在此之后，印度板块不断地向亚洲移动，其与亚洲交界的长条连接带一再被压缩褶皱，形成当今地球上最大的褶皱区域，即喜马拉雅山脉和其他许多亚洲高地的褶皱链。

图2-18　喜马拉雅山脉

　　喜马拉雅山脉，位于青藏高原南巅边缘，是世界海拔最高的山脉，其中有110多座山峰高达或超过海拔7 350米。喜马拉雅山脉是东亚大陆与南亚次大陆的天然界山，西起克什米尔的南迦—帕尔巴特峰（海拔8 125米），东至雅鲁藏布江大拐弯处的南迦巴瓦峰（海拔7 782米），全长2 450千米，宽200～350千米。

第二章 漂移理论的本质及其与迄今在地质时代地表结构形态变化的关系

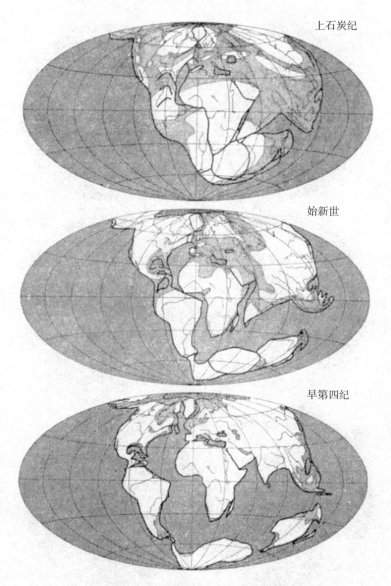

图2-19 根据漂移理论绘制的世界三个时期的海陆复原地图（一）

阴影表示海洋；今日的海陆轮廓与河流简单列出以助于识别。地图经纬线是随意设定的

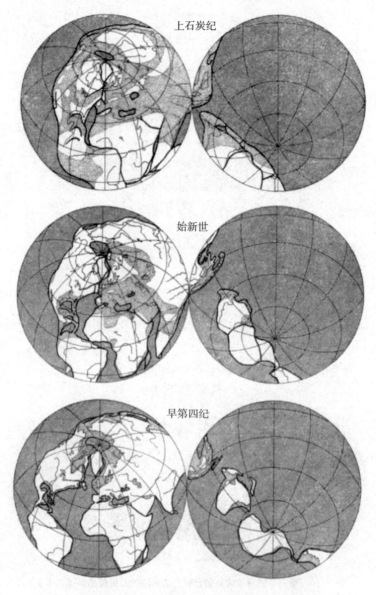

图2-20 根据漂移理论绘制的世界三个时期的海陆复原地图(二)

与上图相同,但投影不同

第二章 漂移理论的本质及其与迄今在地质时代地表结构形态变化的关系

大陆漂移在其他区域内也与造山作用有必然关联。南、北美洲都向西漂移时，由于古太平洋洋底极度寒冷，形成黏性阻力，它们的前缘部分受到挤压而产生褶皱收缩，结果形成从阿拉斯加一直延伸到南极洲的巨大的安第斯山脉（Andes）。同样地，我们考虑一下澳大利亚陆块，包括由陆架海相隔的新几内亚岛（New Guinea）在内：在其前缘部分的相对位移方向，新近形成了一个高海拔的新几内亚山脉。澳大利亚陆块和南极洲分裂远离之前，它的漂移方向是不同的。现今的东海岸线是漂移方向的前缘，那时直接位于海岸前面的新西兰（New Zealand）由于折叠压缩而形成了褶皱山脉。后来，由于位移方向的改变，这些山脉被切断，留在后面的就成了岛链。今日澳大利亚东部的科迪勒拉山系形成年代则更早，它是与南极洲大陆分离以前的漂流陆块的前缘。它和南、北美洲的早期褶皱是同时出现的，美洲的早期褶皱形成了安第斯山脉（前科迪勒拉山系）的基础。

我们刚才提到了源自澳大利亚陆块的分离，包括从前的边缘链以及后来的新西兰岛链。这引导我们产生另一观点：较小的陆块在大陆漂移过程中会脱落留下，尤其当它们处在西风方向时。例如，东亚板块的边缘链分裂为花彩岛；大小安的列斯群岛是美洲中部板块漂移时留下的，形成火地岛（Tierra del Fuego）与南极洲西部之间的所谓南部群岛弧（南设得兰群岛，South Shetlands）。事实上，所有朝向南方逐渐变细的陆块在东向呈现出锥形弯曲，这是由于它们脱落在冰山（Icebergs）背后，例如格陵兰岛尖锐的南端、佛罗里达陆棚、火地岛、格雷厄姆海岸（Graham Coast）和大陆呈碎片化的锡兰[①]（Ceylon）。

[①] 锡兰，现更名为Sri Lanka（斯里兰卡）。本书后面均译作"斯里兰卡"。——编者注

图2-21 火地岛、合恩角和福克兰群岛

很容易理解，大陆漂移理论的整体观点从假设开始：假设深海板块和大陆板块由不同材料组成，而且构成地球结构中不同的地层。最外层被称为岩石圈，但并不完全覆盖整个地球表面，或者，其过去是否曾经覆盖暂且不知。大洋洋底代表着地球内层岩石圈的自由表面，即假设它在大陆块下面运行。这就是漂移理论的地球物理学内容。

如果以大陆漂移理论为基础，我们就能满足陆桥理论和永久论的所有合理条件。这就等于说，陆地的连接一定存在过，但不是后来沉没的中间大陆，而是大陆之间的直接结合，但现在是分开的。永久论也是存在的，它是地球上海洋区域与大陆区域的整体，而不是单独的海洋或大陆。

这一新概念的详细证据将成为本书的主要内容。

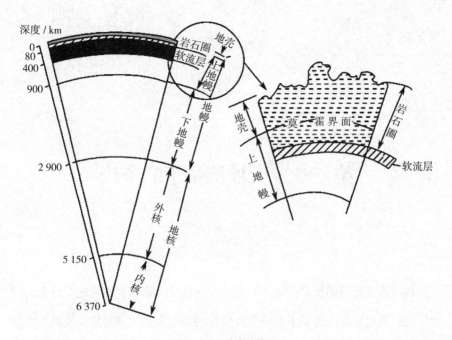

图2-22 地壳结构图

第三章 大地测量学的争论

通过天文定位的反复检测，我们着手对现代大陆漂移理论进行论证。因为最近只有这个方法提供了格陵兰岛位移的真正证据，同时它也构成了大陆漂移理论的定量佐证。大多数科学家认为它是对理论最精确、可靠的测试。

与具有广泛适用性的其他理论相比，大陆漂移理论具备精确的天文定位测试所证实的巨大优势。如果大陆漂移在这么长的时间内一直都在进行着，那么很有可能这个过程将会继续。天文测量是否能在一个合理的时间段内揭示漂移速度，将是我们所面临的问题。

要回答这个问题，我们必须更深入地探索地质时代的绝对年龄。虽然这些已知地质时代的绝对年龄值得怀疑，但在一定程度上为回答我们的问题提供了可能。

关于从最后一个冰河时代到现在的时间，A·彭克从对阿尔卑斯山冰期的研究中将其估计为50 000年；施泰因曼（Steinmann）则估计其至少为20 000年，至多50 000年；海姆根据其在瑞士的计算数值以及美国冰川地质学家的研究估计其仅为10 000年左右。

利用天文研究的方法，米兰科维奇（Milankovitch）测算出，从最后一个冰河期的最冷气候点到现在为25 000年左右（这个冰期的主要阶段发生在75 000年前），而大约在10 000年前进入一个气候适宜期，这个气候适宜期已由欧洲北部的地质证据所确认。德·盖尔根据黏土层的计数断定退缩的冰盖前缘在12 000年前通过瑞典（Sweden）南部的斯科恩（Skåne，丹麦语），但在16 000年前它还位于梅克伦堡（Mecklenburg）。通过米兰科维奇的推算，第四纪的时间跨度为60万～100万年。对我们的研究目标来说，这些估计值之间的一致性已经足够满足需要了。

我们尝试着通过测量沉积层的厚度来评估地质时代早期的持续时间。例如，E·达凯[①]和鲁茨基[②]已经利用这个方法推断出第三纪的时间跨度为100万到1 000万年，中生代的时间跨度大约是第三纪的3倍，古生代大概为12倍之长。

尤其对地质早期来说，如此长的时间标度，要由放射性测年法（Helium method of radioactive dating）来测定。如今该方法享有最高的声誉[③]。该方法基于铀和钍原子的渐进性衰变，放射α粒子（氦核）经过几次中间转换最后成为铅原子。

放射性测年法可以分为三种。第一种方法是氦测定法。氦的相对量随着矿物浓度的增加而产生，这是可测量的。这一方法与后面的测量方法相

[①] E·达凯：《地球科学百科全书》之"古地理学"章节（section "Paläogeographie" in the Enzyklopädie der Erdkunde），莱比锡和维也纳，1926年。

[②] 鲁茨基：《地球的年龄》（*L'Âge de la terre*），载《科学》（*Scientia*），第13卷，第28期，第2号，第161—173页，1913年。

[③] S·迈耶和W·施韦达尔：《放射性》（*Radioaktivität*），第558页及其以下，莱比锡，第2版，1927年。

比，所提供的数值小一些。或许有人会认为，氦气释放缓慢，因此这一测定法要逊于其他方法。第二种方法是确定最终产物即铅的相对量，并据此推断出年代。第三种方法是"多色晕"法。因为α粒子辐射会在岩石周围产生非常小的放射性彩色晕环，且随着时间推移光环会扩大，所以矿物样品的年代可依据光环的大小来测定。

鲍恩（参见B·古登堡[①]）测定中新世（Miocene Period）的岩石年龄为6×10^6年，中新世—始新世的岩石年龄为25×10^6年，晚石炭纪的岩石年龄为137×10^6年。这三个数值都是通过氦测定法获得的。而铅测定法测出晚石炭纪的数值为320×10^6年，该值明显偏高，测出阿尔冈纪（Algonkian Period）的数值为$1\,200 \times 10^6$年，而氦测定法测出的只有350×10^6年。这些数值都比基于沉积物厚度的估计要大得多。

在此，我们仅以第三纪后的地质时期为主，通过各种方法测定相关数据，数字出入不大，其结果足以满足我们的研究目的。表3-1为测定的地质时代年龄。

表3-1 地质时代年龄表

自第三纪初迄今	2 000万年
自始新世初迄今	1 500万年
自渐新世（Oligocene period）初迄今	1 000万年
自中新世初迄今	600万年
自上新世（Pliocene Period）初迄今	300万年
自第四纪初迄今	100万年
自第四纪后期迄今	1万～5万年

[①] B·古登堡：《地球物理学教程》（*Lehrbuch der Geophysik*），柏林，1927—1928年。

借助这些数字和大陆所覆盖的距离，我们假设大陆位移发生，且以匀速位移，这样就可以形成一个粗略的年度漂移量的图片。当然这两个假设难以测试。如果添加测试条件会导致地质时期的不确定性达到50%，甚至100%，并进而导致陆块分离时间不确定，那么可以断定这些数字只能提供一个粗略的证据，如果以后的测量给出完全不同的结果，也不必感到惊讶。尽管如此，这些粗略的计算也是有价值的。在研究者提请注意的区域，在较短时间跨度内，存在着一些可测量位移。

表3-2标出了一些特别有趣的地区之间的年度移动距离。其中最大的变化是格陵兰岛和欧洲之间的裂隙差距，其次是冰岛（Iceland）和欧洲之间、马达加斯加岛和非洲之间的分裂距离。就格陵兰和冰岛来说，其漂移方向为东西方向。因此，天文定位可以探测到，它们之间只存在经度差异，而非纬度差异。

前一段时期，研究者的注意力恰巧集中于格陵兰与欧洲之间经度差异的增加方面。这一发现多多少少源于兴趣。当时，我已经绘制出第一个粗略的漂移理论的草图，而丹麦探险队对格陵兰东北部的经度测定还未完成。这是1906—1908年缪利乌斯·埃里克森（Mylius Erichsen）带领的探险队，我作为助手参与其中。不管怎样，对我而言，已知晓从探险工作区得出的早期数据，它们是从萨宾岛（Sabine Island）经度站以及我们在丹麦湾（Danmarkshavn）通过三角测量获得的数据。因此，我写信给探险队的制图员科赫，并给了他关于漂移理论的轮廓，想让他看看我们考察所得的经度数据是否与早期数字的预期存在分歧。科赫做了一个临时的数据计算给我，他认为的确与预期存在一个数量级的差异，但他不能确认格陵兰岛的位移差异。当确切的计算结果出来时，科赫针对该问题调查了错误的来源,这一次他认为漂移理论实际上是最合理的解释①:"从之前的研究来看,错误是一定会出现的。根据丹麦探险队和日耳曼尼亚探险队(1869—1870年)的那些数据,无论是单独地还是结合在一起来看,都不足以解释海斯塔克(Haystack)所说的位移差距是1 190米。在此,应认定唯一误差来源是天文经度测定。不管怎样,我们将不得不承担天文经度测定值大于平均误差四到五倍的结果……"

表3-2 部分大陆的年移距离

区 域	相对移动数据/千米	分离后迄今的年数/百万年	年移动距离平均值/米
萨宾岛—熊岛(Bjornoya)	1 070	0.05~0.1	21~11
费尔韦耳角(Cape Farewell)—苏格兰(Scotland)	1 780	0.05~0.1	36~18
冰岛(Iceland)—挪威(Noreg)	920	0.05~0.1	18~9
纽芬兰—爱尔兰	2 410	2~4	1.2~0.6
布宜诺斯艾利斯(Buenos Aires)—开普敦(Cape Town)	6 220	30	0.2
马达加斯加—非洲	890	0.1	9
印度—南非	5 550	20	0.3
塔斯马尼亚(Tasmania)—威尔克斯地(Wilkes Land)	2 890	10	0.3

---

① 1906—1908年丹麦探险队到格陵兰岛北部的考察,由L·缪利乌斯·埃里克森编辑的《格陵兰岛通信集》之六(在格陵兰岛通信总数为46)〔Danmark-Ekspeditionen til Grönlands Nordöstkyst 1906/08 under Ledelsen af L. Mylius-Erichsen, 6(Meddelelser om Grönland, 46)〕,哥本哈根,1917年。

第三章　大地测量学的争论

1823年，E·萨宾（E.Sabine）在格陵兰东北部做了经度测定，得出三组数字。它真实地表明，这些最古老的测量值并未精确地出现在同一个地方。萨宾在该岛的南缘得出其观察结论，之后此岛被命名为萨宾岛。遗憾的是，尽管不那么重要，但该结论还是存在一定程度的不确定性，那就是没有标记观察的确切地点。鲍恩和科普兰（Copeland）于1870年随同日耳曼尼亚科考队进行了考察，考察地点位于距萨宾岛南缘几百米远的东方。科赫在遥远的北方，即格陵兰日耳曼尼亚地（Germania Land）的丹麦港（Danmarkshavn）也进行了考察，其结论与萨宾的三角测量结果相关联。测量结果从一个测量地点转移到另一个地点所造成的不精确性，由科赫——准确地检测出来。结果表明，与经度测定本身所具有的更大的不确定性相比，这个错误可以忽略不计。数据显示，格陵兰岛东北部与欧洲之间的距离的增加。

1823—1870年共移动了420米，即每年移动9米；

1870—1907年共移动了1 190米，即每年移动32米。

这三个系列的平均误差是：

1823年…………约124米；

1870年…………约124米；

1907年…………约256米。

当然，F·伯迈斯特（F.Burmeister）①在此情况下提出了反对意见，他认为涉及月球观测法的平均误差不能保证结果的准确性。这主要是因为，在月球观测法中，系统误差并未体现在平均误差中。在不利的情况下系统误差的客观存在，可能造成计算结果误差甚巨。因此，它们只是恰好适应了漂移假设，但却不能构成准确的证据。

从那时起，丹麦调查所（Danish Survey，现今的哥本哈根大地测量研究所，Copenhagen Institute of Geodesy）在这个问题上做出了令人满意的前卫研究。P·F·延森（P.F.Jensen）②在1922年夏天对格陵兰西部进行了新的经度测定，使用了精度更高的无线电报传送时间的方法。我③和E·斯塔克（Stuck）④在德国也发表了关于研究结果的文章。延森在格陵兰岛的戈德霍普殖民地（Godthaab Colony）重复进行了早期的经度测定，目的是与旧观测值进行一个对比。这些旧观测值一部分来自1863年，由法尔博（Falbe）和布卢姆（Bluhme）测定，一部分来自1882—1883年，由莱德（Ryder）测定。这些旧观测数值由月球观测法获得，并不那么精确。因

---

① F·伯迈斯特：《从天文经度测定论格陵兰的移动》（*Die Verschiebung Grönlands nach den astronomischen Längenbestimmungen*），载《彼得曼文摘》（*Petermanns Mitteilungen*），第225—227页，1921年。

② P·F·延森：《探险队于1922年夏季抵达格陵兰西部》（*Ekspeditionen til Vestgrönland Sommeren 1922*），见《格陵兰通信集》（*Meddelelser om Grönland*），第1集第13封，205—283页，哥本哈根，1923年。

③ A·魏格纳：《探险队于1922年夏季抵达格陵兰西部》（*Ekspeditionen til Vestgrönland Sommeren 1922*）（P·F·延森，《格陵兰通信集》，第1集第13封，哥本哈根，1923年，第205—283页），载《自然科学》（*Die Naturwissenschaften*），第982—983页，1923年。

④ E·斯塔克：《1922年夏季长短的限定》（*Breiten-und Längenbestimmungen in Westgrönland im Sommer 1922*），载《水文年鉴》（*Annalen der Hydrographie*），第290—292页，1923年。

此，延森将它们合并成一个平均值，对应于1873年年度值，并且和他更精确的测量值相比较。最重要的是，他避免了系统误差对结果的干扰。结果再次表明，在过渡时期格陵兰岛向西漂流约980米，相当于20米/年。

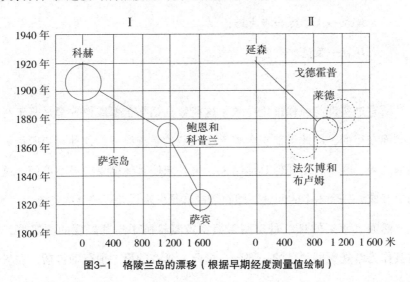

图3-1　格陵兰岛的漂移（根据早期经度测量值绘制）

我把这些测量结果与格陵兰岛东部的观测数据一起呈现在图3-1中，有助于读者的想象。圆半径的大小可以通过横坐标来读取，平均误差的一系列测量值以米为单位来表示。延森观测数值的精度优越性立即明显起来。观测数值归类在"Ⅰ"下的指萨宾岛（格陵兰岛东北部）的数据，归类在"Ⅱ"下的指格陵兰岛西部戈德霍普的数据。除了上述观察数据的平均值，1863年和1882—1883年的数据也同时显示出来。当然，在相反的方向上它们存在着矢量差异，但由于时间间隔短暂，人们在研究它们不精确性的影响时，可以忽略这一点。然而，与延森后期的观测数据相比，他们中的每一位都给出了经度增加的时间率。因此，总而言之，现在有了以下四个相互独立的比较数据集：

科赫—鲍恩和科普兰；

科赫—萨宾；

延森—法尔博和布卢姆；

延森—莱德。

所有这些都与漂移理论一致。这些数据结果全部或部分都是基于月球观测而获得的，因此可能包含着无法检测的系统误差。这种观测所积累的相似结果，既不否定任何其他结果，也并未使其他结果变得不可信。这一切恰好成为一个不幸的问题，即它们或许是极端误差观测值的集合。

然而，幸运的是，丹麦调查组织重复检测了这些经度的测定值，并将其作为常规定期项目的一部分。据此，延森的第二项行动包括，在科尔诺克（Kornok）修建一个适当的天文观测台，在戈德霍普峡湾（Godthaab Fjord）上部有利气候条件下，借助精确的无线电时间传输实施第一个标准经度测量。1922年他测量了科尔诺克的经度：

3小时24分22.5秒±0.1秒，格林尼治（Greenwich）以西（恒星观测）；

3小时24分22.5秒±0.1秒，格林尼治以西（太阳观测）。

科尔诺克的经度现在已由中尉军官扎贝尔—约根森（Sabel-Jörgensen）

在1927年夏季重复测量①。他使用现代客观的千分尺消除了"个人观测误差",这比延森的测量结果更精确。

一个令人兴奋的且期待已久的结果是:1927年测得的科尔诺克经度是3小时24分23.405秒±0.008秒。(最感谢的是哥本哈根大地测量研究所所长诺伦德教授,因为他允许我引用这一尚未发表的数据。)

测量结果与延森的计算相比,相对于格林尼治,产生了一个经度差,即格陵兰岛与欧洲在5年内经度差约为0.9秒(时间);这意味着两者距离每年约增加36米。

这一增加值比延森的观测平均误差大了九倍,但在无线电报时间传输方面并不存在任何系统误差问题。因此,结果就是格陵兰岛的位移在不断增加,除非延森的"个人观测误差达0.9秒"——这是一个最不可能的假设。

应用非个人化的客观方法对科尔诺克的经度测量每五年重复一次。这项有趣的观测确定了更加精确的年度位移量,也确立了漂移率是稳定的还是变动的。

作为第一个精确的大陆漂移天文学证据,这充分证实了漂移理论定量分析中的预测。在我看来,整体的理论探讨将置于一个新的立足点上:我们的关注点现在已从理论的可靠性问题转移至个人断言的精确度上。

与格陵兰岛的情况相比,北美洲与欧洲之间的相对位移率的测量情况就不太顺利了。当然,测量条件更有利了,我们不再依赖月球观测法,因为即使是早期北美经度测量读数也已使用电报发送了。一般,我们不得不

---

① 经诺伦德教授许可,来自延森中校的信件(Letter from Oberstleutnant Jensen by permission of Prof. Nörlund.)。

为这一优势所支付的代价换来的是，预期的位移变化值极小：我们的测量图表给出了位移约1米/年的数值，这是纽芬兰岛和爱尔兰岛之间的连接自切断以来的平均值。然而，从那时起，北美洲的位移方向发生了变化，结果是它与格陵兰岛发生分离，这一分离仍在继续；北美洲很可能相对于基板一直向南漂移。今天拉布拉多（Labrador）和格陵兰岛西南沿海各点相应位置吻合的现象表明这种漂移依然延续着；旧金山（San Francisco）地震断层的裂谷线和加利福尼亚（California）半岛的初始加压进一步确证了这一点。因此，很难确定多大程度上的预期经度增加会得到证实。无论如何，它都应该略小于1米/年的数值。

图3-2 仍在漂移的格陵兰岛

应用横跨大西洋的电报技术，以1866年、1870年和1892年的旧经度测量值作为基础，我曾经推断出，北美洲和欧洲的距离实际增加值达4米/

年。然而，根据加勒（Galle）①的研究，这个结果一定是由于测量数据的组合问题造成的。这种组合是困难的，因为旧测量值不涉及欧洲和北美洲的相同地点，所以仍需考虑到大陆范围内的经度差异。不同的使用方法获得了不同的结果，也最终影响了结论。在第一次世界大战前不久，为了解决这个问题，与美国合作进行了一项新的经度测定，并使用无线电报核查测量值。然而，测量工作在战争开始时因电缆被切断而过早地中止了，因此测量结果未达到所需的精度，这表明目前位移仍然太小而不可靠。坎布里奇（Cambridge）和格林尼治之间的经度差罗列为如下数字②：

1872年——4小时44分31.016秒

1892年——4小时44分31.032秒

1914年——4小时44分31.039秒

最早在1866年测得的数据为4小时44分30.89秒，因为太不准确而被省略了。

自1921年以来，欧洲和北美洲之间经度差的连续测定已经通过无线电信号而展开了；1925年B·瓦纳奇（B·Wanach）③对这些测量结果进行了

---

① 加勒：《欧洲和北美洲分开了吗？》（*Entfernen sich Europa und Nordamerika voneinander?*），《德国论评》（*Deutsche Revue*），1916年2月。
② 《普鲁士大地测量局年报》（*Jahresberichte des Preussischen Geodätischen Instituts*），载《天文学会季刊》（*Vierteljahrsschrift der Astronomischen Gesellschaft*），第51卷，第139页；也见《天文学》杂志，第673/674号。
③ B·瓦纳奇：《关于大陆漂移说的文章》（*Ein Beitrag zur Frage der Kontinentalverschiebung*），载《地球物理学报》（*Zeitschrift für Geophysik*），第2卷，第161—163页，1926年。

讨论。由于只涉及四年时间，可以检测到的数值没有明显的增加，这并不意外。然而这些观察资料完全没有表现出违反这样的增加，正相反，如果将数据整合起来，美洲（America）的年度西移达0.6米，尽管可能的误差为±2.4米。瓦纳奇总结说："目前只能说，美洲相对于欧洲的任何位移明显超过1米/年是最不可能的。"E·布雷尼克（E.Brennecke）①发表了一个类似的意见："这是真的，我们获得的数据既不是有利于大陆漂移规定量的证据，也不是反对这一观点的证据，我们必须等待结果。"应该指出，当无线电观测出新数据时，跨大西洋电缆进行的测定数据则完全被无视。到目前为止，电缆观测的精确度明显低于无线电测量。然而，这一缺陷随后可能由更大的可用的时间间隔来补偿，因此将新旧观察数据结合是值得的。这必须留给大地测量学来完成。我毫不怀疑，在不久的未来，我们将成功地测量出北美洲（North America）相对于欧洲漂移的精密数据。

马达加斯加岛地理坐标的变化最近也吸引了我们的注意力。1890年借助于满月法（Lunar culminations）的观测，我们在塔那那利佛天文台（Tananarive observatory）测得了该地点的经度，并在数据被破坏和恢复之后，于1922年和1925年以无线电报方法②进行了同一地点的测量。我感谢巴黎的C·莫兰（C.Maurain）教授在信中写下了三个数值：

---

① E·布雷尼克：《第一次世界大战后测地学学院在波茨坦的任务和工作时间》（*Die Aufgaben und Arbeiten des Geodatischen Instituts in Potsdamin der Zeit nach dem Weltkriege*），《大地测量杂志》（*Zeitschrift für Vermessungswesen*），第23期和24期，1927年。

② P·泊松：《塔那那利佛天文台的发现》（*L'Observatoire de Tananarive*），巴黎，1924年；P·E·柯林：《科学院报告》（*Comptes Rendus de l'Académie des sciences*），第512页，1894年3月；同载《地理杂志》（*La Géographie*），第45卷，第354—355页，1926年。

表3-3　C·莫兰教授所观测的数值

年份	观测者	所用方法	格林尼治以东经度
1889—1891	P·柯林	满月法	3小时10分7秒
1922	P·柯林	无线电报法	3小时10分13秒
1925	P·泊松（Poisson）	无线电报法	3小时10分12.4秒

这些数值表明，马达加斯加岛相对于格林尼治子午线的位移幅度很大，即每年60～70米的距离。马达加斯加岛相对于非洲的位移，则是一个很小的数值。这表明非洲南部相对于格林尼治偏东方向也在移动。由于这些地区彼此之间的巨大间隔，漂移理论不必对此做出更进一步有用的声明。希望非洲南部的经度在未来也可以被测量，马达加斯加岛和非洲南部之间的经度差也可以被监控，这是漂移理论最重要的一个问题。对两个区域反复地进行精确的纬度测量是必要的，这样可以就马达加斯加岛与非洲之间相对运动的其他要素进行定量跟踪。无论如何，目前所观察到的马达加斯加岛经度的变化，在研究方向上是与漂移理论相匹配的。当然，也应该在此指出，最古老的测量是基于月球观察法，对这些测量的反对意见同样也是反对格陵兰东北部测量数据的原因。尽管如此，马达加斯加岛的整体位移几乎达到2.5千米，距离如此之大，以至于由于观测所导致错误的概率很小。然而，对马达加斯加岛进一步重复测量的规划已作出，不久以后，我们期待从那里获得可靠的测量结果。

在1924年马德里召开的大地测量学大会和1925年国际天文联合会的研讨会上，制订了通过无线电测定大陆漂移经度的全面计划。据此计划，经度测量不仅在欧洲和北美洲之间展开，而且也将在火奴鲁鲁（Honolulu）、亚洲东部、澳大利亚和中南半岛（Indochina）一带进行。

图3-3 马达加斯加岛

第三章 大地测量学的争论

该项目第一个系列的测量在1926年秋天进行，G·费里埃（G.Ferrié）[①]报告了法国获得的结果。当然，任何可能的变化都会在后来的重复检测中出现。人们似乎对于既定计划还欠缺考虑，即基于漂移理论，地球的哪些部分应按照预期去获得可测量的变化。但是，格陵兰岛和马达加斯加岛的例子让我们期望这个计划正朝此方向改进。

可以明确一点，通过反复的天文定位精确检测，漂移理论已经取得长足的进步，它的正确性已经开始显现。

总之，还应该注意目前欧洲和北美洲天文台对地理纬度变化的检测结果。

根据金特（Günthe）的研究报告[②]，A·霍尔（A.Hall）认为在某种情形下纬度数值减少情况如下：

巴黎（Paris）在28年内减少了1.3秒；

米兰（Milan）在60年内减少了1.51秒；

罗马（Rome）在56年内减少了0.17秒；

……

那不勒斯（Naples）在51年内减少了1.21秒；

……

普鲁士哥尼斯堡（Königsberg）在23年内减少了0.15秒；

[①] G·费里埃：《全球经度运行（10/11月，1926年）》〔*L'opération des longitudes mondiales*（octobre/novembre 1926）〕，《科学院记录》（*Comptes Rendus de l'Académie des Sciences*），第186卷，巴黎，1928年3月5日。

[②] 金特：《地球物理学教程》（*Lehrbuch der Geophysik*），第1册，第278页，斯图加特，1897年。

格林尼治（Greenwich）在18年内减少了0.51秒。

高斯丁斯基（Kostinsky）和索科洛夫（Sokolow）认为普尔科瓦（亦称普尔科沃）天文台记录了百年的纬度下降幅度。此外，华盛顿（Washington，D.C.）在18年内降低了0.47秒。

我们发现，相似量级的系统误差源于所谓的天文台圆顶"室折射"现象。因此，存在一个由来已久的倾向，即把所有这些系统误差归因于这个现象。

然而，支持这一变化的人数最近在成倍地增加。此后，W·D·兰伯特（W.D.Lambert）①表明，目前，加利福尼亚尤凯亚（Ukiah）的纬度和北美其他天文台的观测数据都发生了明显的变化。

在最近的著作中②，兰伯特表明："国际天文台不是发生令人困惑的纬度变化的唯一案例。罗马自1885年以来就已经改变了1.43秒的纬度。对这类异常情况的系统研究是非常可取的。"

然而，上述提到的旧数据对今天的漂移而言，具有相反的意义，因为尤凯亚的纬度仍在增加。

很难解释这些纬度的变化，因为它们既可能由大陆漂移引起，也可能因地极位移引起，而后者与前者之间并无关联。正如我们以后在更多的细

---

① W·D·兰伯特：《尤凯亚的纬度和两极的移动》（The Latitude of Ukiah and the Motion of the Pole），载《华盛顿科学院杂志》（Journal of the Washington, Academy of Sciences），第12卷，第2期，1922年1月。

② W·D·兰伯特：《纬度的变化》（The Variation of Latitude），国家研究委员会公报（Bulletin of the National Research Council），第10卷，第3部分，第53期，第45—48页，华盛顿，1925年。

节中所显示的那样,最近有可能通过国际纬度服务的测量手段来检测今天的地极位移,依据就是,北极点(North Pole)在北美洲方向正在位移,这意味着北美天文站纬度的增加。然而,根据迄今为止的结果来判断这一地极位移的程度小于所观察到的北美纬度的增加。未来如果不能证明地极位移的幅度变得更大,人们就会得出这样的结论:即相对于地表的其余部分来说,北美洲正在向北移动;这将是非常奇怪的,因为有许多迹象表明它是向南漂流。只有在更长时间内完成一系列观察之后,这些问题的完整解释才可能实现;而且,在这样的情况下,以前的漂移理论是否能解释清楚,也是令人怀疑的。

第四章　地球物理学的争论

　　以地球表面超过或低于海平面的统计分布来看，地球表面存在着两个模态的高程数值，而中间值是罕见的。高值对应着大陆表面海拔，低值则对应着海底。如果把整个地球表面按照1平方千米为单位来分割，并以高于或低于海平面的高度顺序来排列，那么这就是众所周知的所谓等高曲线图。克吕梅尔（Krümmel）绘制的等高曲线图清楚地显示出这两个级别的高程。根据H·瓦格纳（H.Wagner）的计算[1]，显示各种高程的频率按数字排列如下（许多数字是基于科西纳的海洋调查[2]，我们的插图是依据从前的、与克吕梅尔[3]和W·特拉贝尔特[4]略有不同的数据而绘制的。）。

---

[1] H·瓦格纳：《地理学教科书》（*Lehrbuch der Geographie*），第1卷"普通地理学"，第二篇"自然地理"，汉诺威，1922年。
[2] 科西纳：《世界海洋的深度》（*Die Tiefen des Weltmeeres*），载《海洋研究所汇刊》（*Veröffentlichungen des Instituts für Meereskunde*），第9集，柏林，1921年。
[3] 克吕梅尔：《海洋学手册》（*Handbuch der Ozeanographie*），斯图加特，1907年。
[4] W·特拉贝尔特（W.Trabert）：《宇宙物理学教本》（*Lehrbuch der kosmischen Physik*），莱比锡与柏林，1911年。

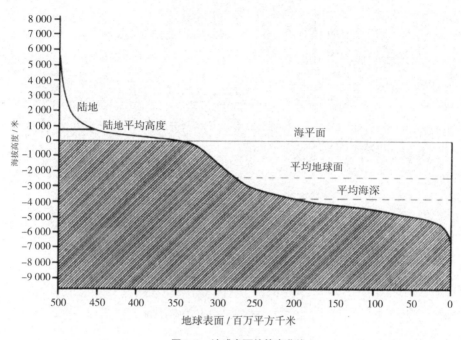

图4-1 地球表面的等高曲线

W·特拉贝尔特的曲线图是这个系列中最好的代表,它是在更早一些数据的基础上绘制的,与其他曲线图相比显得更细致。图4-2就显示了这个频率分布图;它以100米为增量,因而频率百分比仅为上表的1/10。这里的两个极大值分别位于海面下4 700米深度和海面上约100米处。

随着深海探测量的增加,这些数字使人们注意到一个事实:大陆前缘骤然下降或者大陆架到海洋的坡度越来越陡峭。将早期的海洋图与M·格罗尔(M.Groll)①最新的海洋图比较一下,就会显示出来。例如1911年,

---

① M·格罗尔:《海洋深度图》(Tiefenkarten der Ozeane),载《海洋研究所汇刊》(Veröffentlichungen des Instituts für Meereskunde),N.F.A.,第2集,柏林,1912年。

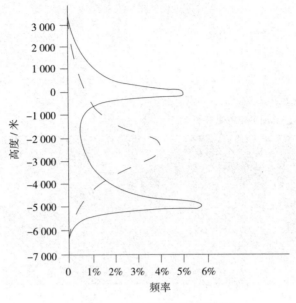

图4-2 两个频率最大高程的分布

特拉贝尔特计算出海深1～2千米的高程所占面积为4%，2～3千米的高程所占面积为6.5%。而瓦格纳根据格罗尔的图表得出的结果则分别是2.9%和4.7%。因此，将来深海探测技术发展后，人们看到的最大频率两个高程的差异比目前更明显。

在整个地球物理学中，几乎很难发现比这个更具清晰度和可靠性的规律：地球表面存在着两个优先级别的高度平面，它们交替并列，分别代表大陆和洋底。因此，令人惊讶的是，对于这个众所周知的规律，几乎无人尝试去解释。事实上，根据通常的地质解释，海拔导致原始水平面的隆起和沉降，水平面频率越小，它们相对于海平面的高度或深度越大，由此得到的频率分布将近似于高斯误差曲线（粗略地说，是图4-2中的虚线曲线）。因此，应该只有一个最大频率的峰值，对应于平均地壳（-2 450

米)的分布范围。但我们观察到的峰值是两个,其曲线大致与误差律相似。由此我们得出结论,地球外壳以前存在着两个原始水平面。当我们提到大陆和海洋时,就意味着我们要处理两个不同的地壳层。形象地说,地壳表层就像水和水面上漂浮的冰块一样。图4-3就是根据这一新概念显示出的一个大陆边缘的垂直剖面图解。

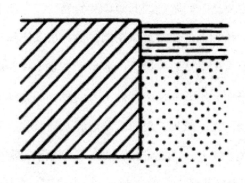

图4-3 大陆边缘的剖面图解

我们对大洋底和大陆板块之间的关系,首次取得了合理的解释。1878年,A·海姆在谈到这个问题时说:"那么,直到做出与史前大陆位移相关的更精确的观测时……直到我们对补偿性压缩程度拥有更完整的数据,并能够解释大多数山脉的形成时,很难期待在认识山脉和大陆的因果关系以及后者的形状之间的因果关系等方面,会有任何真正可靠的进展。"[①]

越来越多的深海探测表明这一问题的研究变得更加迫切:在广阔而平坦的洋底和大陆区域存在着明显的对比,二者同样平坦,却有着约5千米的高度差。1918年E·凯瑟(E.Kayser)写道:"与这些巨大岩石地层(大陆

[①] A·海姆:《造山运动的力学研究》(*Untersuchungen überden Mechanismus der Gebirgsbildung*),第2部,巴塞尔,1878年。

块）的体积相比，大陆所有的上冲断层都是渺小和微不足道的，甚至像喜马拉雅山这样高耸的山脉，也仅仅是地球支撑基座表面上的微小皱纹。这个独一无二的事实使一个老旧的观点，即哪座山脉可以代表大陆的基本框架，在今天似乎已站不住脚了……我们应该采取相反的观点，即大陆是较早的、决定性的构造，而山脉则是附属的并且是最近形成的。"①

用漂移理论解决这个问题是如此简单和明显，人们几乎无法相信它会引发异议。然而，该理论的反对者试图用其他方法来解释双峰的水平频率分布。可是，所有这些尝试都失败了。W·泽格尔（W.Soergel）②认为，从一个给定的水平面开始，如果一部分上升则另一部分降低，因此，中间部分会因两侧倾斜而大大减少，对应着隆起和凹陷部分，两个频率最大值就会产生。同样地，G·V·道格拉斯和A·V·道格拉斯③认为，如果原来的水平部分通过折叠转化成一个正弦表面，应形成两个最大值，即波峰和波谷。这两种观点都源于同一个根本性错误，即将个别过程与统计合量混为一谈。这只是一个简单问题，无论是在无限的一系列抬升和凹陷中（应用泽格尔的观点），还是在褶皱中（应用道格拉斯的观点），在频率分布上出现两个极大值都是可能的，因为各个水平面的数值是随意变化的。很明显，如果

---

① E·凯瑟：《普通地质学教程》（*Lehrbuch der allgemeinen Geologie*），第5版，斯图加特，1918年。
② W·泽格尔：《大西洋裂隙：对魏格纳大陆漂移说的评注》（*Die atlantische "Spalte": Kritische Bemerkungen zu A. Wegeners Theorie von der Kontinentalverschiebung*），载《德国地质学会月刊》（*Monatsberichte der Deutschen geologischen Gesellschaft*），第68卷，第200—239页，1916年。
③ G·V·道格拉斯和A·V·道格拉斯：《对魏格纳频率曲线的注解》（*Notes on the Interpretation of the Wegener Frequence Curve*），载《地质杂志》（*Geological Magazine*），第60卷，第705期，1923年。

第四章 地球物理学的争论

一些优先水平面的选择倾向起作用的话，这也可能是正确的。然而，情况并非如此。对于隆起和沉降、褶皱抬升，我们只确信一条定律：其程度越大，频率越小。因此，最高频率总是降至原水平份额，而高于或低于原始水平频率的，必须粗略地减少到与高斯误差函数一致。

在此，应该提及其他研究者，特别是特拉贝尔特，他提出了新的观点：冰冷的海水使岩石层强化冷却形成洋底。这一观点来自特拉贝尔特自己的计算，他不得不假设洋底的冷却延伸到地球的中心。由于此观点不能被接受，他的计算无法证明这个假设反而受到驳斥。此外，通过他的方法，人们能推断出一个普遍的趋势，即已经存在于地球表面的凹陷会变得更深。但人们不能用它来解释几乎相同深度上每个洋底处于海洋的位置，也就是频率分布图上第二个高峰的轮廓。这一点最近由F·南森（F.Nansen）[①]着重提出。当然，事实上这一解释起源于费伊（Faye），只是如今越来越鲜有提及，尤其是自地壳中发现镭元素以来，地球热平衡的评估基础彻底改变了。

当然，我必须立即提醒各位，不要将洋底的性质这一概念过于夸大。我们知道，冰山之上可以再覆盖新冰，海水之上也可以覆盖小的冰山碎片，冰缘上端脱落或从水中浮升出来的冰山底部仍然会漂浮在海水表面。类似的情况也会发生在洋底。岛屿通常是大陆的大碎片，其根基延伸到约50千米的海底（重力测量使这一假设成为可能）。此外，大陆块的易碎

[①] F·南森：《地壳，地表形态和均衡调整》（*The Earth's Crust，Its Surface Forms，and Isostatic Adjustment*），挪威奥斯陆Videnskaps研究所，第1部分数学和自然科学类（Det Norske Videnskaps-Akademi i Oslo,I.Mat.-Naturv. Klasse），第12期，共121页，1927年。

性，在相当的深度时就变成可塑性，宛如面团。这就意味着，当陆块分离时，（其厚度相应地减少）可依此方式在或窄小或宽阔的海底通过。从某种意义上说，大西洋底必须被视为特别"不均匀"，这是由于它纵向横贯大西洋中脊，但其他海盆也有类似的结构，伴有岛弧和海底浅滩。在关于洋底的章节中，我们将进一步深入研究这一细节。

这一切并非不可想象，随着研究的进展，在此提出的研究模型可能仅代表主要特征，如果要描述真正的情形的话，新的难题也将随之而来。当使用由美国人制造的第一回声测深仪对大西洋北部进行检测时，我[1]发现该地区的主峰频率分布在5 000米深处，而次峰在4 400米探测处即可测到。另一个最大值显示为多层结构，根据德国"流星"探险队（"Meteor" expedition）的探测资料，仅可能判断它的实体，我们尚未为此目的去检查这些探测资料。

自然，问题出现了，即大陆板块与大洋盆地之间的根本区别是什么？大陆的水平位移是否与地球物理学的其他结果一致？相应地，地球物理学是否可以为这些概念提供佐证？

地壳均衡说与漂移理论的整体概念具有一致性，但通过地壳均衡说并不能直接证明漂移理论的正确性。我们计划在下文中更严密地审视所有观点。

地壳均衡理论的物理学基础来自引力测量。该理论起源于普拉特（Pratt）；这个术语由达顿（Dutton）在1892年创造出来。1855年，普拉特发现喜马拉雅山脉在铅垂线上没有发挥其预期的引力。据考斯马特考

---

[1] A·魏格纳：《大西洋的大洋底》（*Der Boden des Atlantischen Ozeans*），载《地球物理论文集》（*Gerlands Beiträge zur Geophysik*），第17卷，第3期，第311—321页，1927年。

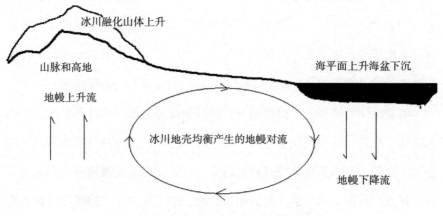

图4-4　冰川地壳均衡产生的地幔对流

察，该铅垂线偏差的偏北分量是在恒河平原（Ganges plain）的卡利阿纳（Kaliana）距山脚56英里[①]的地方，只有1角秒的偏离，鉴于山脉的引力会导致58角秒的偏转。同样，在杰尔拜古里（Jalpaiguri）偏转度仅为1角秒，而不是77角秒。按照这一举世公认的事实，高大山脉的引力场强度从常规值到预期值并无差异；山体似乎在通过一些地表下的质量损失进行补偿，这已被艾里（Airy）、费伊、赫尔默特（Helmert）和其他人的考察工作所证实。F·考斯马特在其富有启发性的评论[②]中也讨论了这一问题。尽管存在着以海洋盆地为代表的大规模的质量亏损，海洋表面测量出的引力仍然拥有正常强度。对于岛屿上的早期测量有着各种解读，当赫克（Hecker）遵循摩恩（Mohn）的建议，通过一只水银气压表和一个测高计在船上进

---

① 1英里=1.609千米。
② F·考斯马特：《引力异常与地壳结构的关系》（*Die Beziehungen zwischen Schwere anomalien und Bau der Erdrinde*），载《地质评论》（*Geologische Rundschau*），第12卷，第165—189页，1911年。

行重力测定时，人们疑窦全消。不久前，荷兰大地测量学家韦宁—曼尼斯（Vening–Meinesz）[①]成功地利用更精确的钟摆法在潜艇上开展测量。他的第一次测量结果完全证实了赫克的结论。从广义上讲，地壳均衡的条件也适用于海洋。因此，盆地表观质量的亏损会被地下质量的盈余补偿。

随着时间的推移，人们对地下质量亏损或质量盈余的性质提出了不同的猜想。普拉特认为地壳是一种面团，起初它厚度均匀并且无处不在，但在大陆地区，它因某种释放过程被抬升，在海洋区域则被压缩。根据普拉特的观点，在海平面以上，海拔越高，地壳的密度越小。但低于所谓的均衡水平（海平面以下约120千米）时，所有的水平密度差异消失。

赫尔默特和海福特（Hayford）对此做了详尽阐述，并将它作为评估地球引力的通用方法。目前，W·鲍伊是这一理论的主要代表人物。他利用下面的实验来解释这个方法：将一些棱镜漂浮在水银中，这些棱镜由不同密度的材料组成，如铜、铁、锌、硫铁矿等。棱镜高度一致，并被浸在相同深度。它们有共同的底部表面，都处于平衡状态。但它们密度不等，棱镜在汞半月板之上映射出不同的高度，密度最大的物质投影最小，密度最小的则投影最大。以上观察到的事实对引力数据的解释有所支持，即地壳

[①] 韦宁—曼尼斯：《引力测量的暂定值，女王陛下潜水艇K13号从荷兰出发航行途经巴拿马到爪哇岛时进行的测量》（*Provisional Results of Determinations of Gravity, Made during the Voyage of Her Majesty's Submarine K XIII from Hollandvia Panama to Java*），载《阿姆斯特丹皇家科学院报》（*Koninklijk Akademie van Wetenschappen te Amsterdam*），第30卷，第7期，1927年；《从巴拿马到爪哇岛的深海引力研究》，（*Gravity Survey by Submarine via Panama to Java*），载《地质学杂志》（*Geographical Journal*），第71卷，第2期，1928年2月；对于地质学的重大意义请参见A·鲍恩：《在陆地应用韦宁—曼尼斯教授的摆锤测量法对海底引力的测量，1926年》（*Die Schwereverhältnisse auf dem Meere auf Grund der Pendelmessungen von Prof. Vening-Meinesz, 1926*），载《地球物理学杂志》（*Zeitschrift für Geophysik*），第3卷第8期，第400页，1927年。

第四章　地球物理学的争论

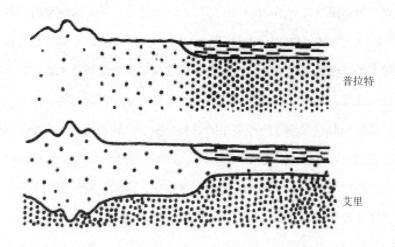

普拉特

艾里

图4-5　地壳均衡说的表现（据普拉特和艾里的观点绘）

的物质密度较低，海拔则较高。然而，密度的差异只能延伸到一定深度并达到平衡水平，这一观念包含着一个物理学意义的不可能性，最好通过鲍伊的实验研究去阐述。对于底面处在同一深度的不同棱镜而言，它们的高度必须由明确的比例来支撑，这就是它们的密度比率。如果我们把地壳分割为不同材质的棱镜，相同材质的棱镜要时时处处在一起，其材质具有相当明确的厚度，支撑着它与其他材质的棱镜厚度的精确关系。这种关系一旦建立，对所有棱镜来说都是其密度的基础。然而，材料类型（密度）和厚度之间的关联性有一个不易察觉的自然原因，这将导致所有棱镜常数的基础水平变得随意和混乱。

最近，许多大地测量学家，如W·施韦达尔（W.Schweydar）[①]，特别

[①] W·施韦达尔：《对魏格纳大陆漂移说的探讨》（*Bemerkungen zu Wegeners Hypothese der Verschiebung der Kontinente*），载《柏林地学会杂志》（*Zeitschrift der Gesellschaft für Erdkunde zu Berlin*），第120—125页，1921年。

是W·海斯凯恩（W.Heiskanen）[1][2]，利用另一个模型来解释引力数据。该模型早在1859年由艾里引入（图4-5）。海姆大概第一个提出这个假设：山脉下的低密度地壳增厚，而浮在上面的高密度岩浆被推到这些地区的更深处。相反，处于深部低洼地区之下的低密度地壳，如海洋盆地，一定超薄。这里的假设只涉及两种类型的材料，一个是轻地壳，一个是重岩浆。鲍伊通过一个与上述实验相类似的实验解释了这个概念：他将许多不同高度，但材质（铜）相同的棱镜放入水银中。显然，它们都下沉到不同的水平线；最长的棱镜底端沉在最大深度，顶端浮在最小深度。人们经常强调，艾里的观点比普拉特的地壳地质图更切合实际，特别是针对强力压缩构成褶皱山脉的这一情况。但艾里的概念也有遗漏，对于地球轮廓上双峰频率分布的成因解释不明，未揭示出为何轻的地壳会变成两个基本上不同厚度的块体，即厚大陆块和薄大洋块。

正确的解释可能是这两个概念的融合：以山脉的情况看，我们要做的基本上是增厚轻的大陆壳，这是艾里的概念；但当我们考虑从大陆块到海底的过渡时，它就是一个材料类型差异的问题，这是普拉特的看法。

近来，地壳均衡说的发展主要是处理其有效性范围的问题。对较大的板块而言，例如，整个大陆或整个洋底，地壳均衡说必须被无条件接受；但关于小块体，如个别山脉，该原则就失去了其有效性。这样的小块体可

---

[1] W·海斯凯恩：《引力测定和地壳均衡》（*Untersuchungen über Schwerkraft und Isostasie*），载《芬兰大地测量学学会会报》（*Veröffentlichungen der Finnischen Geodätisch Instituts*），第4期，赫尔辛基，1924年。

[2] W·海斯凯恩：《均衡假说和重力假设》（*Die Airysche isostatische Hypothese und Schweremessung*），载《地球物理学报》（*Zeitschrift für Geophysik*），第25卷第1期，第225页，1924—1925年。

以由整个块体的弹性所支撑，就像一块石头放在一块浮冰上一样。接下来浮冰和岩石作为一体，地壳均衡说在它们和海水之间开始起作用。因而关于地质构造的大陆重力测量值显示出如下情形：如果陆块直径达数百千米时，几乎很少显示地壳均衡说的任何偏差；如果陆块直径仅为几十千米，通常引力值仅有部分需要修正；如果陆块直径仅为几千米，则出现很大偏差。

不论一个人的观点是基于普拉特的理念，还是基于艾里和海斯凯恩的理念，海洋重力测量的检测都发现，无任何迹象表明海洋盆地有巨大和可见的质量亏损，它仍然导致这一结论，即海底是由一个密集的、比大陆块还重的物质构成的。应用重力测量方法很难令人信服，并且很难证明更大的密度量是源于物理状态的差异还是源于材料的差异。当然，基于合理前提的粗略计算则使其成为可能。

然而，对于判断大陆是否可以水平漂移的问题，地壳均衡理论提供了一个直接标准。我们已经提到上述均衡说的平衡运动，最好的例子是斯堪的纳维亚的隆起，它仍在以每世纪1米的速度继续上升。它可以被视为10 000多年前内陆冰盖融化移除的后果。特别地，我们观察到，冰川最后消失的地方，正是今天可以看到的最大上升处。威廷（Witting）根据鲍恩的研究所绘制的图4-6，非常精美地展现了这一点。

鲍恩已表明，这一隆起地区呈现出某个异常情况，即在该区域引力场太弱，即使观察资料贫乏，但还是可得出其结论。事实上，如果地壳仍然低于其平衡水平面，情况就是如此。针对与斯堪的纳维亚隆起有关的现象，南森提供了一个特别详尽的描述。从翁厄曼兰（Ångermanland）海岸的高水位痕迹看，最大的下沉达284米，内陆的最大下沉可能是300米。这

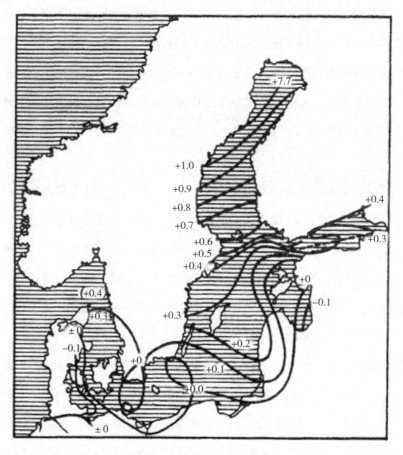

图4-6　今日波罗的海（Baltic Sea）地区的隆起图

由验潮仪测量（厘米/年），根据威廷（Witting）的测量数值绘制

一隆起大约15 000年前缓慢开始，7 000年前达到其最高速率——10年内隆起1米，目前则处于衰退期。中央冰层厚度估计约为2 300米。如此巨大部分的地壳垂直运动显然已在基板上建立了流动，因此被排挤的物质向外四溢。这些情况几乎同时由鲍恩、南森、A·彭克和W·柯本的发现所证实：内陆冰盖的凹陷区被一个隆起已减少的环形区域包围着，隆起的原因

恰恰是基底中被排挤向四周的物质。无论如何，整个均衡理论所依赖的观点是，地壳下层具有一定的流动性。若果真如此的话，大陆板块就真的漂浮在一种流体上，但即使是一种非常黏稠的流体，也显然无法解释为什么它们只发生垂直运动而不是水平运动。因此，只能假设有一种可以取代大陆的力量，这些力量具备持续到地质时代的趋势。这种力量的确存在，已由造山挤压力所证实。

对我们最重要的是地震研究的最新成果，B·古登堡在几个地方收集到了方便调查的资料。[1]

关于地震波，大家都知道，纵向（初始）P波和横向（二次）S波穿越地球内部（"预备"波），同时面波L波（"主要"波）穿越地球表层。地震监测记录站距离震中越远，达到这里的P波和S波的穿透深度就越大。依据从震颤开始和地震波到达记录站的时间差（"传输时间"），人们可以测定不同深度的地震传播速度。这个速度涉及材料的属性，因此，它可以提供关于地球内部地层结构的信息。

已有数据显示了这一情况。在欧亚大陆和北美洲大陆块之下，有一个50~60千米深度的突出的边界层，那里的纵波速度从5.75千米/秒（界面以上）跃至8千米/秒（界面以下），横波速度则从3.33千米/秒（界面以上）跃至4.4千米/秒（界面以下）。到现在为止，大家普遍认为这个边界层是大陆块的底面，正如块体深度和厚度值之间的对应关系所暗示的那样，它源于海斯凯恩的引力测定。（依据普拉特的理论，陆块厚度在100~120千米时，厚度越大地震波抵达越快，艾里的理论则给出了几乎相同的地震学结

---

[1] B·古登堡：《地球的构造》（*Der Aufbau der Erde*），柏林，1925年。

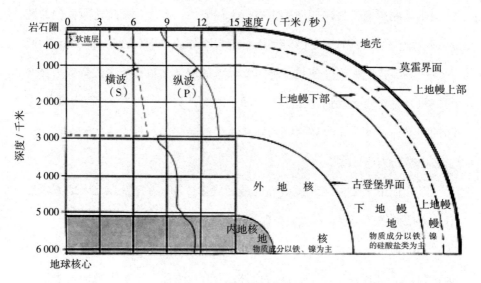

图4-7 地震波速度与地球内部构造

果。这对艾里的观念很有利,且在其他方面也有公认的优势。)但是,以上例子表明,这种解释不能再坚持下去了;大陆块体厚度现在必须被认为大约只有原数值的一半,所描述的边界层对应的是一个底层的额外分支。然而,这个边界层完全消失于太平洋下。在这个地区,人们甚至发现,表层地震波的速度几乎等于上面边界层的地震波速,例如,7千米/秒的纵波和3.8千米/秒的横波(而对于大陆表层,这些数字分别为5.75千米/秒和3.33千米/秒)。对这些数字只有一个可能的解释,即最上层向下延伸到陆表以下60千米深度,这在太平洋地区是不存在的。

正如所预料的,面波速度也有一个给定的物理常数,也展现出相应的洋底和陆块的数值差异。既然它是由五个不同的研究人员独立确定的,今天我们就可以把这看作是一个既定的事实。1921年,E·塔姆斯(E.Tams)发现了面波速度,并从特别清晰的记录中挑选出如下数据。

表4-1 海洋底与大陆地震波速度对比

海洋底			
地震发生地	时间	速度/（千米·秒$^{-1}$）	次数
加利福尼亚（California）	1906年4月18日	3.847 ± 0.045	9
哥伦比亚（Colombia）	1906年1月31日	3.806 ± 0.046	18
洪都拉斯（Honduras）	1907年7月1日	3.941 ± 0.022	20
尼加拉瓜（Nicaragua）	1907年12月31日	3.916 ± 0.029	22
大陆			
加利福尼亚（California）	1906年4月18日	3.770 ± 0.104	5
菲律宾群岛（Philippine Islands）Ⅰ	1907年4月18日	3.765 ± 0.045	30
菲律宾群岛（Philippine Islands）Ⅱ	1907年4月18日	3.768 ± 0.054	27
布哈拉（Bokhara）Ⅰ	1907年10月21日	3.837 ± 0.065	19
布哈拉（Bokhara）Ⅱ	1907年10月27日	3.760 ± 0.069	11

虽然单个数值有时互相交叉，就平均而言，存在一个显著差异：贯穿洋底的面波传播速度约0.1千米/秒，高于穿越大陆的速度，这与从火山岩（深成岩）的物理特性中所得出的预期理论值相一致。

E·塔姆斯也试图结合许多地震观测数据，尽可能地得到一个平均速度。从38次太平洋地震的速度值中，他获得平均值的速度为3.897 ± 0.028千米/秒；从45次欧亚大陆或美洲地震的速度值中，得到的平均值为3.801 ± 0.029千米/秒。这些都与上面给出的数值相同。

另一位研究者G·安根海斯特（G.Angenheister）[①]在1921年调查了一些太平洋地震中海洋盆地与大陆板块之间的地震差异，同时，他也关注到了面波。他对两种类型地震波即横波和瑞利波（Rayleigh）进行了区分，而未像塔姆斯那样单独处理，因而他发现了相当大的差异（当然，其研究结果基于很少的数据）："L波波速在太平洋底比在亚洲大陆底要高21%～26%。"他还发现了其他类型地震波的特征差异："在太平洋下，P波（纵向体波）和S波（通过地球内部路径类似的剪切波）的时差分别是13秒和25秒，稍短于在欧洲大陆的传输速度。这相当于在海洋下面S波波速增加了18%……地震波衰亡周期也是太平洋比亚洲大陆长一些。"所有这些分歧点一致地指向我们的理论，即海底由另一类型致密材料组成。

S·W·维瑟（S.W.Visser）也得到了关于面波的同一结论。[②]他发现的速度是：在大陆地区为3.7千米/秒，在海洋区域为3.78千米/秒。

P·拜尔利（P.Byerly）[③]在1925年6月28日的蒙大拿（Montana）地震中，也发现了类似的面波速度差异。

最后，古登堡通过另一种方法证实了这一结果。他利用那些横波（即发生在瑞利波之前的表面波，它们通常难以区别）在地表中的传播。这些地震波的速度首先取决于它们的波长或周期，还取决于它们经过的地壳最

[①] G·安根海斯特：《太平洋地震的观测》（*Beobachtungen an pazifischen Beben*），载《哥廷根科学协会汇刊数学物理专号》（*Nachrichten der Königlichen Gesellschaft der Wissenschaften zu Göttingen, Math.—Phys. Klasse*），第44—52页、第75—83页，1921年。

[②] S·W·维瑟：《关于荷兰东印度群岛1909年至1919年的地震分布》（*On the Distribution of Earthquakes in the Netherlands East Indian Archipelago 1909/19*），巴达维亚，1921年。

[③] P·拜尔利：《1925年6月28日蒙大拿地震》（*The Montana Earthquake of June 28,1925,G. M.C.T.*），《美国地震学会通报》（*Bulletin of the Seismological Society of America*）第16卷，第4期，1926年12月。

上层的厚度。不但是地震波传输时间（速度），而且地震周期也可从地震图中推断出来，那么，地壳层的厚度也可以被发现。这种测量的结果总是相当不准确的，因此不同时期大量发生的地震数据用于同一区域，只是为了得出关于地层厚度的结论。图4-8给出了古登堡关于三个地区的结果：（a）欧亚大陆；（b）主导地震波所穿越的大西洋底板块；（c）太平洋底板块。横坐标是时间，纵坐标是波速。如果测量无误，所有的点都必须位列于曲线上，其在图中的位置取决于地层厚度。在（a）处和（b）处有这样三条理论曲线所绘制的地层厚度为30千米、60千米和120千米；在（c）处有几条曲线，其地层厚度为零。古登堡认为，对于欧亚大陆，那些点最适合60千米地层的曲线；对于占主导地位的大西洋底板块区域，适合30千米的曲线；但对于太平洋板块，适合厚度为零的曲线。这些曲线散布很广，因此这个方法不是很精确。但是，这个结果后来得到古登堡的进一步支持。他主要引证的一点是，本次调查未涉及太平洋上层，而主要是横跨大西洋的地震波路径部分地通过海洋地区和大陆地区，因此平均地层厚度介于0和60千米之间。（古登堡乐于将大西洋地区作为一个关注点来反对漂移理论。在我看来，这是错误的。）

如前所述，G·安根海斯特也发现地震波的衰亡周期在太平洋地区比在亚洲大陆更长。该问题由H·韦尔曼（H.Wellmann）[①]进行了更密切的调查，他证实了安根海斯特的结果。韦尔曼以绘图方式清晰地集合了他的数

[①] H·韦尔曼：《根据汉堡消逝波研究的适当意见对地震期间远程地震波的监控》（*Über die Untersuchung der Perioden der Nachläuferwellen in Fernbebenregistrierungen auf Grund Hamburger und geeigneter Beobachtungen*），汉堡，1922年。

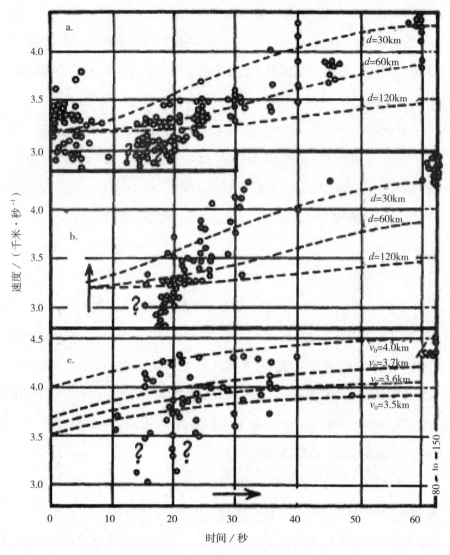

图4-8 横向（面波）波速（据古登堡绘）

据（图4-10），通过"+"或"·"来标识他检测过的地震震源，并依据汉堡的地震记录来判断它是否会发射或长或短周期的地震衰亡波。如果考虑到震波从震源到汉堡的路径必须垂直于汉堡等距离虚线的话，这个数字很清楚地表明标"+"的地震波应优先穿越太平洋、北海（North Sea）、北大西洋，而那些标"·"的地震波必须优先穿越大陆（亚洲）。

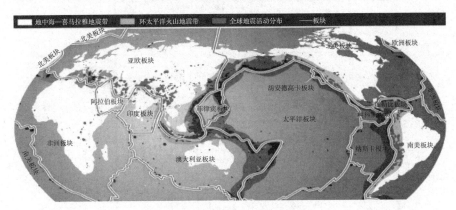

图4-9 世界主要地震带分布图

人们可以看到，最近先进的地震研究通过完全不同的、相互独立的路径所得到的结论，即海洋板块与大陆板块是根本不同的材料，而且它们的材质对应于一个更深的地球层。

A·倪博德（A.Nippoldt）的研究引起了我的注意。在地磁研究中，普遍被接受的观点是洋底板块由强磁性材料构成，因此，与大陆板块相比，它可能含有更多的铁质材料。这个问题醒目地出现在亨利·王尔德（Henry Wilde）关于地球磁场模型（Magnetic model of the earth）的讨论[①]中，海洋区域被铁板覆盖，以获得对应于地球的磁场分布。吕克尔（A.W.Rücker）对本实验描述如下："王尔德制作了一个很好的地球磁场模型，它借助于两部分装置，一个是均匀磁化球体的主磁场，一个是铁块形成的次磁场，

---

① 亨利·王尔德：《皇家学会学报》（Proceedings of the Royal Society），1890年6月9日和1891年1月22日。

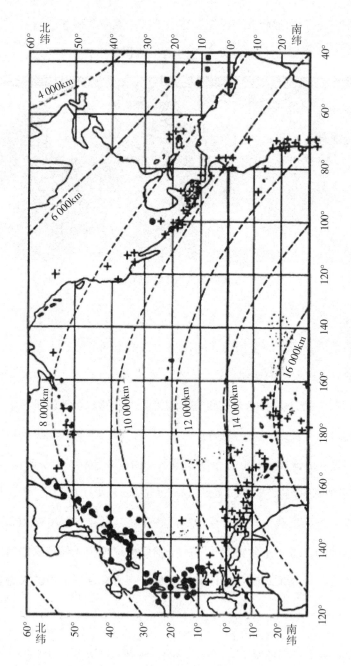

图4-10 震源、衰亡地震波的长（+）短（·）周期在汉堡的记录（据韦尔曼绘）

第四章 地球物理学的争论

将铁块毗邻放置在球体表面附近，从而产生磁化感应。这种铁的主要部分被放置于海洋……王尔德认为，海洋地区的铁覆盖层是最重要的因素。"拉克洛（Raclot）[①]最近也证实了王尔德的这一实验，认为这是一个很好的有代表性的地球磁场模式。当然，到目前为止，从地球磁场的观测数据中，还未成功地计算出大陆与海洋的差异。由于更大力量叠加而成的扰动磁场，计算失败是显而易见的。这一更大力量的起源仍然未知，它与大陆的分布也不具关联性；而且可能也无法观测，因为这一更大力量似乎遵循着巨大的常规变化。然而，无论如何，来自地磁研究的数据不应以任何方式反驳一些假设概念，如深海洋底包含更多的铁质岩石，甚至在施密特（J.Schmidt）这类专家看来，谁都不愿意承认王尔德实验的有效性。众所周知，即使在地球的硅酸盐地幔中，铁含量也是随着深度的增加而增大；与此同时，其核心主要由铁构成，言外之意是，海底是一个比大陆更深的层。当炽热状态、磁力效果都消失在固体中时，根据普通的地热增温率，在15～20千米深处就可以达到这个温度。因此大洋板块的强磁场必须是地壳上层的属性，这与我们的想法一致。在这样的地层中，越是弱磁性材料反而越缺乏。

这有力地暗示了一个问题，人们可能无法获得来自海底深层的岩石试验样品。通过拉网式或其他方式从这样的深处带出岩石样品，在很长一段时间内都是不可能的。不过，值得注意的是，据克吕梅尔所言，以疏浚方式带来的松散样品，大部分是火山岩，特别以浮石居多……然后人们会偶然碰到碎片化的透长石、斜长石的玄橙玻璃产品，同时，还有片段状的熔

[①] 拉克洛：《科学院的报告》（*Comptes Rendus de l'Académie des Sciences*），第164卷，第150期，1917年。

岩（如玄武岩、辉石、安山岩等）。现在，火山岩实际上是依靠更高的密度和铁含量来予以区分，通常被认为来自深埋层。休斯称这整组岩石为硅镁层，即Sima，取自代表其主要成分的初始双字母，即硅（Silicon）和镁（Magnesium），其主要代表是玄武岩；相比之下，另一个（富硅）岩石组群被称为硅铝层，即Sal，取自硅（Silicon）和铝（Aluminium）的首字母，其主要代表是片麻岩和花岗岩形成的大陆的底层。〔这种细分方式可以追溯到罗伯特·本生，他将非沉积岩划分为"普通粗面"（富硅岩）和"普通辉石"（基性岩）。但恰恰是休斯创造了它们这样方便的名字。〕我在和普费弗（Pfeffer）通信后，决定将Sal改为Sial，以避免与拉丁语"盐"（Salt）混淆。根据前文，读者可能已经得出了结论：硅镁序列的岩石本来处于大陆地块下，构成深海底，而在硅铝大陆地块上，我们只能作为火成岩接触到，在此处它们表现为异体。看来，玄武岩具有的性质才是洋底材料所需。

同时，由什么材料构成地壳层的问题已成为近年来许多学科的研究对象，部分来自岩相学和地球化学，部分来自地震学。现在，这个问题仍在继续研究，甚至不同的研究者对局部问题的争议仍未达到一致。因此，我们更喜欢把有时大相径庭的结果列成一个简短调查，而不采用我们自己的任何特别的观点。

首先，一般的出发点是这样，假设一个约1 200千米厚度的硅镁层，处于大陆硅铝层下，这一地层由片麻岩、花岗岩材料构成，而这一硅镁层就是地幔。地幔之下是个夹层，下降至2 900千米，就到达了基本上由镍铁构成的地核。紧随夹层之后，可能是由铁陨石（橄榄陨铁）构成的，它

第四章 地球物理学的争论

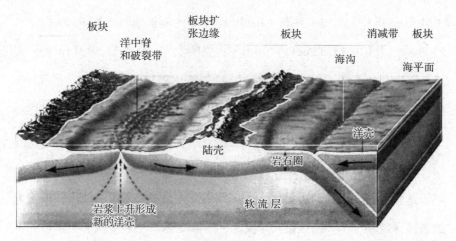

图4-11 岩石圈

是陨石材料的相似序列；或者，想象它是铸造生产过程的结果，是黄铁矿和其他矿物（如矿渣）。这些都是地球的主要层。关于硅镁层是否由单一材料构成或是否应进一步细分的问题，人们已经用不同方式做出回答。戈尔德施密特（V.M. Goldschmidt）宣称榴辉岩是硅镁材料的典型代表；威廉森（Williamson）和亚当斯（Adams）则提出，橄榄岩或辉石岩以及其他纯橄榄岩才具有典型性。无论如何，大量的硅镁层必须是一类非常基性的或"超基性"的岩石，比玄武岩更具有基性，因此，玄武岩最有可能是硅镁圈的顶层。大量的论文和一些出版书籍都讨论了这些问题，如H·杰弗里斯（H.Jeffreys）[1]、R·A·达利（R.A.Daly）[2]、莫霍洛维奇

---

[1] H·杰弗里斯：《地球的热力历史和相关地质现象》（*On the Earth's Thermal History and Some Related Geological Phenomena*），载《地球物理学报》（*Gerlands Beiträge zur Geophysik*），第18卷，第1—29页，1927年。

[2] R·A·达利：《移动的地球》（*Our Mobile Earth*），伦敦，1926年。

（Mohorovičić）①、J·乔利（J.Joly）②、A·福尔摩斯（A.Holmes）③、J·H·J·普尔（J.H.J.Poole）④、B·古登堡⑤、F·南森等。特别值得一提的是，达利的著作（《移动的地球》）完全以漂移理论为基础；乔利的著作（《地表的历史》）则攻击了漂移理论，但事实上，这本书在放射性热量生成方面提供了重要的新证据。

显然，所有的作者都认为在大陆地块的花岗岩之下是玄武岩。然而，对于这两种材料之间的边界层，大多数研究人员不再采用由地震学推论出的该层深度60千米，而假设其深度是30～40千米。不再采用60千米这一推论数据，主要是因为这种厚度的地层可能包含太多的镭，会产生太多的热量。超基性材料（纯橄榄岩等）地层则起始于60千米。此外，莫霍洛维奇特别强调，60千米边界夹层在山地和平原的径向位置没有显示变化。花岗岩和玄武岩之间的边界更靠近地壳外表面，事实也是如此。因此，问题就出现了：在此情况下，人们是否应该把30～40千米深度的花岗岩层当作低

---

① 莫霍洛维奇：《月球靠近地球引发地震的规律》（Über Nahbeben und über die Konstitution des Erd-und Mondinnern），载《地球物理学报》（Gerlands Beiträge zur Geophysik），第17卷，第180—231页，1927年。

② J·乔利：《地表的历史》（The Surface History of the Earth），牛津，1925年；以相同标题载于《地球物理学报》，第15卷，第189—200页，1926年。

③ A·福尔摩斯：《岩浆循环论的成果》（Contributions to the Theory of Magmatic Cycles），载《地质杂志》（Geological Magazine），第63卷，第306—329页，1926年；也见于《海洋深度和大陆的厚度》（Oceanic Deeps and the Thickness of the Continents），载《自然杂志》（Nature），1927年12月3日。

④ J·乔利、J·H·J·普尔：《关于地表结构的性质和起源》（On the Nature and Origin of the Earth's Surface Structure），载《哲学杂志》（Philosophical Magazine），第1233—1246页，1927年。

⑤ B·古登堡：《地壳的构造》（Der Aufbau der Erdkruste），载《地球物理杂志》（Zeitschrift für Geophysik），第3卷，第7期，第371页，1927年。

于大陆板块的极限而替代此前60千米的大边界层？另一方面，对后一边界层在海洋中如何表现，仍未做出解释。古登堡假定，大边界层在60千米深度形成亚太平洋面，因此，这里的超基性材料（纯橄榄岩）也会出现，如露头岩石。然而，莫霍洛维奇认为洋底是由玄武岩构成的。

在有可能构建一个最终的地层结构图之前，我们将不得不在这些调查中等待进一步的发展。然而，只要涉及大洋底层的性质，这种增加的地层就很可能提出新难题；这一迹象已经出现在另一个关联点中。

然而，不论各种观点如何发展，结论已经很清楚：它们与漂移理论沿着同一路径取得进展，因为大洋板块和大陆板块之间的根本性差异不再被否认；对漂移理论而言这就是全部，不管大洋底层是由玄武岩构成的，还是由各处的超基性材料构成的。在任何情况下（除了一些残余），花岗岩覆盖的大陆板块在大洋底层都是缺乏的。

漂移理论的一个常见的反对意见是：地球像钢铁一样坚固，因此大陆不能移动。事实上，对固体地球的地震、极地波动和潮汐变形的研究都得到了相同的结果。大陆移动的速度处于一个给定力的影响下，不能依赖硅镁层的可塑性（刚度），但可以依赖另一个，即材料的独立特性——"内摩擦"或"黏度"，或者也可依赖其相互的"流动性"。不幸的是，黏度确实不能从塑性推断出来，而必须通过特殊实验来确定。所谓的固体黏度的测量是非常困难的。即使在实验室里，所应用的也是测量弹性振动的阻尼、弯曲或扭转的变形率，或测量所谓的弛豫时间（即系统的某种变量由暂态趋于某种定态所需要的时间），这样的测量只在很少物质条件下开展。很不幸，在那时，理清地球黏度系数的问题几乎是一个毫无希望的任务。可以肯定的是，最近已经有各种各样的尝试去估算地球的黏度系数，部分依靠整体平均值，部分依赖某些地层，但这些结果相差如此之大，以至于我们对该问题依然完全无解。

可以肯定地说，当地震波等短期力量起作用时，地球表现为一个坚实的、有弹性的物体，在此没有塑性流动的问题。然而，在地质时间尺度上所施加力量的作用下，地球必须表现为流体。例如，事实表明，地球的扁率完全对应其旋转周期。但在时间临界点，弹性变形合并成流动现象，这精确地取决于黏度系数。

在对月球脱离地球的调查中，达尔文（G. H. Darwin）假设潮汐力作用12小时和24小时引起流动变形，这一假设已被许多人应用。然而，在最近的一次调查中，A·普雷（A.Prey）[①]得出结论，即使在今天，达尔文的假设也并不意味着地壳可能是由于潮汐摩擦力而明显向西位移。5 000万～6 000万年前，地球的黏度系数可能仍然有着相对较低的数值，约为10^{13}。（大约和冰川期时期的黏度系数相同。）根据普雷的观点，在那时地壳大位移因此发生。此后，黏度系数增大，而这种位移在现在则是不可能的。在此应该注意，达尔文尚未考虑地壳中的镭含量。普雷假定了一个渐进的冷却过程，而忽略镭的存在。尽管如此，我们如今关于镭的数量和地质事实的知识量，会导致我们非常怀疑地质时期的过程是否被估算得过长了。抛开地球波动来说，地球黏度系数是否以系统方式明显地改变了？

地质学家们经常认为在固体的地壳下面有一个岩浆层，维歇特（Wiechert）同样认为，这样一个适当的流体层也许能用以解释某些地震

[①] A·普雷：《关于大陆漂移说》（*Über Flutreibung und Kontinentalverschiebung*），载《地球物理学学报》（*Gerlands Beiträge zur Geophysik*），第15卷，第4期，第401—411页，1926年。

第四章 地球物理学的争论

图中的奇特现象。施韦达尔①基于可测量到的地球潮汐反对维歇特的这个观点。如果事实上流动性对这些潮汐运动贡献明显的话，那么它们将落后于太阳和月亮的周期性。然而，由于时间滞后这一点未被观察到，潮汐运动量就一定是个有关弹性的函数，而非有关塑性或有关流体的函数。因此，观测误差的幅度至少提供了黏度系数的极限值，所假定的地层的厚度不同，结果自然不同。这是因为，一个低黏度薄层如同一个高黏度厚层一样，给出了相同的位移。施韦达尔由此认定，黏度系数必须大于10^9时，我们所讨论的地层只有100千米厚，如果黏度系数超过10^{13}或10^{14}，那么地层是600千米厚。这自然是一种基本假设，该地层是一个连贯体，且覆盖整个地球。而在一些小区域、地球的部分独立区域，可能是具有相当大的可塑性。

1919年，施韦达尔做了一项尝试，他在对地极位移的调查②中测定地球的黏度。施韦达尔提倡地球黏度的高值。对于这些，他自己总结道："然而，人们必须承认，大陆在地极点施受力的影响下，会经历一个向赤道位移的可能性。"稍后我们将讨论反极性驱动力导致这一计算结果的基本事实。

杰弗里斯仍然假定存在更高黏度的地层，但价值不大。据我所知，这是所有观点中最极端的一个。

---

① 施韦达尔：《对地球潮汐的研究》（*Untersuchungen über die Gezeiten der festen Erde*），载《普鲁士大地测量学会出版集》（*Veröffentlichungen der Preussichen Geodätischen Instituts*），第54期，柏林，1912年。

② 施韦达尔：《磁极移动与弹性和地球假设岩浆层之间的关系》（*Die Polbewegung in Beziehung zur Zähigkeit und zu einer hypothetischen Magmaschicht der Erd*），普鲁士地质研究所出版资料（*Veröffentlichungen der Preussischen Geodätischen Instituts*），柏林，第79期，1919年。

而一些最新的意见倾向于惊人的低黏度,虽然只对应一个相对较薄的地层。例如,B·麦耶曼(B. Meyermann)①②从事实出发,借助最近的天文手段发现地球的旋转是不均匀的。"例如,1700年,地表上的每一个点都向东移动15秒左右,1800年向西移动15秒左右,1900年约向东移动10秒,而1924年约向西移动20秒。但整个地球做这样的摆动是不可能的。既然地球作为一个整体经历这样的波动,是个不值得讨论的问题,那么我认为这个迹象值得关注,即地壳相对于地核向西漂移……如果摩擦增加,漂移则较少……如果摩擦减少,则与之相反,地表相对于假定的地球来说向西移动。"根据麦耶曼的观点,既在地球磁场的组成部分中,又在一天时间长度的波动中,存在一个270年的周期性;他从地壳的一个完整循环中推论出这个令人惊讶的270年的短周期,并据此得出结论:如果流动性被限定在一个10千米厚的区域,该层的黏度(内摩擦)系数则比0℃甘油的黏性高出21倍以上。然而,麦耶曼的解释是否真的与事实一致,暂且无法确定。在这方面,M·舒勒(M.Schuler)③的一篇论文值得注意。他发现,极地内陆冰盖的扩大,必然引起朝向旋转轴的质量运动。根据角动量守恒定律,会产生一个明显的地球自转加速度;相反,当冰川融化和质量输送发生在赤道方向,即远离地轴时,自转的减速也必然会发生。

无论如何,位于大陆块以下的地层黏度问题,与这些地层的温度是否

---

① B·麦耶曼:《大陆的向西漂移》(Die Westdrift der Erdoberfläche),载《地球物理学报》(Zeitschrift für Geophysik),第2卷,第5期,第204页,1926年。
② B·麦耶曼:《岩浆的黏性系数》(Die Zähigkeit des Magmas),载《地球物理学报》(Zeitschrift für Geophysik),第3卷,第4期,第135—136页,1927年。
③ M·舒勒:《一天的长度变化》(Schwankungen in der Länge des Tages),载《地球物理学报》(Zeitschrift für Geophysik),第3卷,第71页,1927年。

超过熔点密切相关。虽然熔融的岩浆在非常高的压力下可能有非常高的黏度，从而表现得像固体物质一样坚固。在这种高压力下的这一现象，我们并不了解。所有赞成存在一个熔融流动层的研究者，都倾向于假设该层中的黏性小得难以造成大规模的位移或对流。对镭含量的思考，恰好使人们对该问题产生了相当新的观点。

图4-12给出了冯·沃尔夫（von Wolff）代表性的地壳外120千米的温度分布。曲线 a 到 e 是用不同假定所计算出的地壳镭含量。此外，两个熔点曲线 S 和 A 也被绘制了出来。在这里，根据假定材料的不同得到了不同的曲线。S 曲线对应着不同深度内最低的可信的融合温度。如图4-12所示的膝盖状温度曲线和斜坡状熔点曲线，在60～100千米下，有一个最佳熔化区，在此很可能有一个熔融层被限定在两个结晶层之间。

我们很自然地要问，地震能否提供这个问题的答案？如果熔化状态暗示了一种低黏度或流动性，那么地震可以提供。但是在流体介质中，不会有任何的横波如S波的传播，所以地震不能提供答案。然而，现在普遍认为，将上述任何材料加热到熔点以上，熔化或熔解的物质就以无定形的玻璃状态（因此是固体）存在。不过，地震学在此给出了一个暗示：材料的弹性变形阻力会随着深度增加而增大，这种现象表现出不连续性，在约70千米深度，甚至可能会出现暂时的弹性变形阻力减少。像古登堡[①]这样的学者解释了这一说法，所有这些深度的结晶状态都可能转换为无固定形状的、玻璃状态。即使玻璃状态应被看作是固体，并且是涉及短周期地震波的固体，在地质时间尺度的作用下，它也表现出明显的流动性。

[①] B·古登堡：《地球系统中的力学与热力学》（*Mechanik und Thermodynamik des Erdkörpers*），见穆勒—普耶，第5卷第1号（地球物理学），不伦瑞克，1928年。

这里有已确定的地质事实。H·克洛斯（H.Cloos）[①]描述了南部非洲罕见的大型"花岗岩融合"。在地球的某些历史时期，花岗岩的熔融等温线已被降到局部地表以下。我们有更多的理由相信，在这样的时代，60～100千米深处的岩石一定是熔化的。可以相当肯定地说，地球上的等温表面没有固定的位置，且在时间和空间上都有所不同。乔利解释说，大陆块下面的过剩热量产生了放射性，因此温度是持续上升的，直至到了熔解

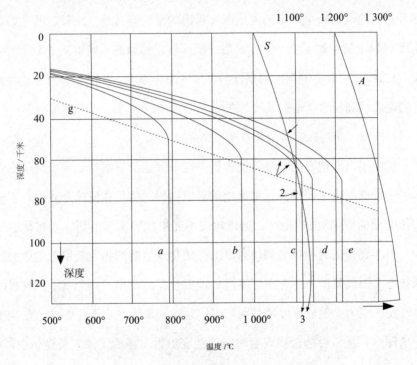

图4-12 下降至120千米的深度依赖性温度（a到e）和融合温度（S和A）（据沃尔夫绘）

[①] H·克洛斯：《南非地质观测 四，花岗岩的分布地区及形成空间》（Geologische Beobachtungen in Südafrika.IV.Granite des Tafellandes und ihre Raumbildung），载《矿物学新年鉴，地质学和古生物学》（Neues Jahrbuch für Mineralogie,Geologie und Paläontologie），增补卷，第42卷，第420—456页。

发生的地步，陆块浮动起来。然后，它们移动到以前是海洋地区的全球较冷的区域。支持这一想法的事实是，地热间隔（每度上升）平均值在欧洲为31.7米，在北美洲为41.8米。这种显著的差异意味着，在地球内部北美洲比欧洲更凉爽。达利也许是对的，他阐述到："这是一种可信的解释，在最近的比较中发现，北美洲凹陷的地壳滑向古老的、更大的太平洋盆地。"①

在这一点上，我们应该提到那些把最外层地壳的现象归于"暗流属性"的研究者，这些人包括O·阿姆斐雷②和R·施温格（R.Schwinner）③等。根据阿姆斐雷的观点，暗流曾拖着美洲大陆向西位移。这些暗流拖曳着地壳向下移动，并使其在下移的区域受到压缩。施温格认为，在液体层的对流电流是由热量不均匀输出引起的。在大陆块产生放射性过量热方面，G·基尔希（G.Kirsch）④已广泛使用流体层中的对流电流理念。他假设大陆块在同一时间连接在一起，多余的热量就产生在它们下面（如非洲南部花岗岩的融合过程），这导致流体基质的循环向海洋盆地流动，由于热量损失增加而向下移动。与此同时大陆中心地区崛起，大陆平台终于因摩擦力而破碎，碎片伴随着电流四散分离。基尔希认为，电流已达到惊人

---

① R·A·达利：《地壳及其稳定性》（*The Earth's Crust and Its Stability*）；《地球旋转速度的减小及其地质影响》（*Decrease of the Earth's Rotational Velocity and its Geological Effects*），载《美国科学杂志》（*American Journal of Science*），第5卷，第349—377页，1923年。
② O·阿姆斐雷：《关于大陆漂移说》（*Über Kontinentverschiebungen*），载《自然科学杂志》（*Die Naturwissenschaften*），第13卷，第669页，1925年。
③ R·施温格：《火山与造山运动：一次实验》（*Vulkanismus und Gebirgsbildung: Ein Versuch*），载《火山学杂志》（*Zeitschrift für Vulkanologie*），第5卷，第175—230页，1919年。
④ G·基尔希：《地质环境与放射性物质》（*Geologie und Radioaktivität*），维也纳和柏林（施普林格），第115页及以下，1928年。

的高流动率，而在熔融层中呈现出对应的低黏度值。

所有这些表明一件事：我们对地球内部的黏度系数不应该过于教条，特别是其中的个别地层，因为我们仍然对此一无所知。施韦达尔的结果基本上是不确定的，因为它们不排除间断的可能性。在地质史前的一定时期，是否有可能存在一个相对流体的连续层呢？即使这个流体层的想法不被认可，他的研究结果也非常有价值，有可能得到使得大陆漂移的黏度值。因此，漂移的可能性并不依赖于某些学者的终极正确性，最近他们也在倡导这个观点：在某些地区和某个时期有一个流体层存在于大陆板块之下。

综上所述，认为漂移理论与地球物理学的结果完美吻合的观点是多余的。事实上，它为大量有前景的新研究提供了新的起点。即使许多研究的细节在未来才能得以彻底揭示，这些研究已经带来了重要的数据。

无论是直接地或间接地，我们都可以举出许多其他地球物理学中的观测事实来支持漂移理论，但在本书的范围内不可能全面地处理与这个问题有关的不同主题。许多其他事实将在后面的章节中讨论。

第五章　地质学的争论

大西洋两岸的地质构造比较可以为我们的理论提供一个非常明确的参考验证。我们的理论认为：大西洋地区是一个巨大的宽阔的裂谷，其两岸边缘曾经直接相连；人们或许会认为许多褶皱山脉和其他地质构造在分裂之前就已经存在，这使得大西洋两岸构造一致。事实上，大西洋两侧的末端部分表明了它们的初始状态：在初始地貌重构之前，它们本应该是直接连接的。大陆边缘轮廓明显，且不允许任何范围的偏差，因此重建本身一定要准确。这是我们用来评估漂移理论的独立的重要标准。

大西洋裂谷的南部最宽，它是其最早开始分裂的地方，此处宽度为6 220米。在圣罗克角和喀麦隆之间的裂隙为4 880千米，在纽芬兰岛浅滩（Newfoundland Bank）和大不列颠（Great Britain）大陆架之间有2 410千米，在克斯科比峡湾和哈默费斯特之间仅有1 300千米，而在格陵兰岛东北部陆架边缘和斯匹次卑尔根（Spitsbergen）之间只有200～300千米。最后的这个裂痕似乎发生在相对较近的时间内。

我们从南部边缘开始比较。在非洲南部，有一个显著的二叠纪东西走向的褶皱山脉，即斯瓦特山脉（Swartberg）。在复原图中，这个山系向西延伸到了布宜诺斯艾利斯南部地区。根据地图来看，这里似乎没有任何特殊的标记。非常有趣的是，凯德尔（Keidel）[1][2]发现，在当地的山脉中，特别是褶皱更强烈的南部山脉，古老的褶皱在结构、岩石系列与化石含量等方面完全相似，不仅和靠近安第斯山褶皱山的圣胡安和门多萨西北三省的前科迪勒拉山脉完全相同，而且与紧靠安第斯褶皱的南非开普山脉（Cape mountains）一模一样。凯德尔说："在布宜诺斯艾利斯省的山中，特别是在南部范围内，我们发现了自然演进的河床，与南非开普山脉非常相像。至少有三例出现强烈的一致性：后泥盆纪海进的低层砂岩、含化石的片岩以及上古生代的冰川砾岩……泥盆纪海进的沉积岩和冰川砾岩强烈褶皱和开普山脉一样，褶皱运动的方向主要是向北的。"所有这一切迹象表明，在这里有一个细长而古老的褶皱横贯非洲南部，然后在布宜诺斯艾利斯以南穿越南美洲，最后转向北方加入安第斯山脉。今天，这一褶皱的碎片被一个超过6 000千米宽的海洋分离。若把两处直接拼凑起来，它们恰好吻合；而从圣罗克角到布宜诺斯艾利斯山地之间的距离和从喀麦隆到开普山脉的距离也正好相等，就像将一张名片撕裂的两半再拼凑起来一样。而南部非洲山系接近海岸时，锡德山脉（Cedar Berge）又折向北方，这

---

[1] 凯德尔：*La Geología de las Sierras de la Provincia de Buenos Aires y sus Relaciones con las Montañas de Sud Africa y los Andes*，载*Annales del Ministerio de Agricultura de la Nación, Sección Geología, Mineralogía y Minería*，第11卷，第3期，布宜诺斯艾利斯，1916年。

[2] 凯德尔：《阿根廷山脉的年龄、褶皱和不同构造间的相互关系》（*Über das Alter, die Verbreitung und die gegenseitigen Beziehungen der verschiedenen tektonischen Strukturen in den argentinischen Gebirgen*），载《第12届国际地质学研究大会》（*Étude faite à la XIIe Session du Congrès géologique international, reproduite du Compte-rendu*），第671—687页。

一点对这种一致性并无妨碍。这个分支很快就消失了，并且具有了局部偏转的外观，这可能是由随后的断裂点产生的一些不连续性造成的。我们可以在欧洲更频繁地看到这样的分支，它们不仅处于石炭纪，而且也处于第三纪，它并不妨碍我们在那里也把这些褶皱综合为一个体系、并归之于同一个原因。尽管最近的调查已经显示，非洲的褶皱系统似乎一直持续到最近，但这并不意味着存在一个地质年龄差异。凯德尔指出："在内华达山脉，冰川砾岩是目前最新的构造，多数都是褶皱山脉；在开普山脉，冈瓦纳系列（Gondwana series）的基础底层（卡鲁地层）是埃卡世河床（Ecca beds），这仍然显示褶皱运动的迹象……因此，在这两个地区，主要的褶皱运动发生在二叠纪和下白垩纪之间。"

开普山脉和它们在布宜诺斯艾利斯山脉的延续性，为我们的观点提供了佐证，且这绝不是唯一的案例，沿大西洋海岸线我们可以找到许多其他的证据。非洲广阔的片麻岩高原的轮廓，即使在很长时间内未经褶皱，也显示了与巴西惊人的相似之处。这种相似性并不只是泛泛而谈，它表现为火成岩之间和各地区沉积矿床之间的一致性以及原来褶皱方向的一致性。

H·A·布劳沃（H.A.Brouwer）[①]做了一个火成岩的比较。他发现了不少于五个相似之处：①较老的花岗岩；②年轻的花岗岩；③富含碱金属的岩石；④侏罗纪火山岩和侵入岩；⑤金伯利岩、黄长煌斑岩等。

[①] H·A·布劳沃：《里约热内卢西北格里希诺山地的基性岩以及巴西与南非喷出岩的一致》（*De alkaligesteenten van de Serra do Gericino ten Noordwesten van Rio de Janeiro en de overeenkomst der eruptiefgesteenten van Brasilië en Zuid-Afrika*），载《阿姆斯特丹科学院学报》（*Koninklijk Akademie van Wetenschappen te Amsterdam*），第29期，第1005—1020页，1921年。

图5-1 条带状片麻岩

图5-2 金伯利岩

图5-3 黄长煌斑岩

第五章 地质学的争论

图5-4 晚侏罗纪火山岩

图5-5 辉长岩（Gabbro）

辉长岩一词于1768年由T·托泽蒂命名，它由来源于深部地壳或上地幔的玄武质岩浆经侵入作用形成，广泛分布于地壳的各种构造环境和月球上

较老的花岗岩在巴西所谓的"巴西复合体"中被发现；在非洲西南部的"基岩复合体"中被发现，也见于好望角殖民地海岬（Cape Colony）

的"马姆斯伯里体系"中,还见于德兰士瓦(Transvaal)和罗得西亚(Rhodesia)的"斯威士兰体系"中。布劳沃说:"不仅是在马尔山(Serra do Mar)的巴西东海岸,而且其南部对面的西海岸以及非洲中部,主要都是由这些岩石组成的,在许多方面,它们给予了这两个大陆景观相似的地形特征。"

在巴西一侧,晚期的花岗岩是入侵的"米纳斯系列"(Minas series),即由巴西的米纳斯吉拉斯(Minas Geraes)和戈雅兹州(Goyaz)侵入,在那里形成含金矿脉,在圣保罗州(São Paulo)也是一种侵入岩。在非洲,相应的岩石是赫雷罗兰(Hereroland)的埃龙戈(Erongo)花岗岩、达马拉兰山(Damaraland)西北部的布兰德伯格花岗岩以及德兰士瓦的"布什维尔德杂岩体"(Bushveld igneous complex)。

富碱岩也在完全对应的绵延的海岸线上被发现:在巴西,在马尔山各处〔伊塔蒂亚亚(Itatiaia)、里约热内卢(Rio de Janeiro)附近的格里希诺山地(Serra de Gericino)、塞拉—丹吉尔山地(Serra de Tingua)、卡布弗里乌(Cabo Frio)〕被发现;而在非洲,在鲁德芮兹(Lüderitz)海岸、在斯瓦科普蒙德(Swakopmund)北部的开普克罗斯(Cape Cross)被发现,在安哥拉也有发现。在远离海岸线的地方,有位于米纳斯吉拉斯州南部,波苏斯—迪卡尔达斯(Poços de Caldas)和位于德兰士瓦的勒斯滕堡区(Rustenberg)的两个直径约30千米的火成岩地区。这些碱性岩石,与深成岩、煤矸石和喷出岩的形态完全类似,这一点特别引人注目。

提到第四组岩石(侏罗纪火山岩和侵入岩),布劳沃说:"就像在南非一样,巴西这里有一系列位于圣卡塔琳娜系统(Santa Catharina system)底部的厚厚的火山岩,大致相当于南非卡鲁系统;该系列可被视为侏罗纪火山岩，它覆盖了里约格兰德杜索、圣卡塔琳娜、巴拉那（Parana）、圣保罗和玛多布鲁索等州省的广大区域，甚至涵盖了阿根廷（Argentina）、乌拉圭（Uruguay）和巴拉圭（Paraguay）。"在南纬18°和21°之间，非洲有一个卡奥科构造（Kaoko formation），这里类似的岩石类型与巴西南部圣卡塔琳娜和里奥格兰德（Rio Grande do Sul）的岩石类型相一致。

该岩石组（金伯利岩、黄长煌斑岩等）的最后一组最为有名，因为在巴西和南非都发现这些河床出产著名的钻石。在这两个地区，都发现了称为"管状"的特殊类型层。在巴西米纳斯吉拉斯州有白色钻石，而在南非只有奥兰治河（Orange River）北部才有。然而，这两个区域之间的对应关系清楚地显示了岩母岩比这些稀有的钻石遗址分布更广泛。里约热内卢州煤矸石的分布也是这样："如同金伯利岩处于南非西海岸附近一样，著名的巴西岩石几乎都属于低云母玄武岩品种。"（H·S·华盛顿也承认这些火山岩之间的一致性，尽管如此，他认为这种对比并不利于漂移理论，主要是因为他对于这类对比要求得太多了。很不幸，他的态度决定性地影响了许多美国地质学家。）

然而，布劳沃强调甚至连两侧的沉积岩都相互对应："大西洋两岸的某些沉积岩群的相似性也很惊人。我们只提到南非卡鲁系统和巴西圣卡塔琳娜系统。圣卡塔琳娜和里奥格兰德杜索的奥尔良砾岩（Orleans conglomerate）与南非德韦卡（Dwyka）砾岩是匹配的，这两个大陆最上面的部分都是由已经提到的厚火山岩系列形成的，像在好望角殖民地海岬的德拉肯贝里（Drakenberg）和里奥格兰德杜索的塞拉基拉一样。"

杜·托伊特甚至推测，南美洲古怪的石炭—二叠纪过渡期的材料部分源于非洲："根据科尔曼（A.P.Coleman）的观点，巴西南部的冰碛岩，可能源于东南面现有海岸线以外的一个冰川中心。他和伍德沃斯（J.B.Woodworth）记录了某种漂砾石，这是一些奇怪的石英砂岩或带状碧玉卵石。从他们的描述中可知，这些漂砾石就像那些在西格里夸兰（Griqualand West）的马特萨普河床（Matsap beds）收集到的德兰士瓦冰一样，被向西至少搬运了经度18°。随着大陆破裂假说的建构，它们还可能向西被搬运得更远吗？"[①]然而，最近费拉兹（L.C.Ferraz）在圣卡塔琳娜南部布卢梅瑙（Blumenau）附近发现了这种露头岩层；杜·托伊特的解释因此失去力量。巴西和南非的露头岩层相似的情形是另一个非常值得注意的环节，它是一条在两大洲之间惊人吻合的长链。

我们发现两大洲在古老的褶皱方向上的吻合，并且在整个大型片麻岩高原上延伸。以非洲为例，我们参考的是雷蒙尼（Lemoine）绘制的地图[②]，如图5-6所示。此图为其他目的而绘，因此不能十分清楚地说明我们要讲的问题，尽管如此，还是可以从中看出这一事实。在非洲大陆的片麻岩山丘，有两个主要的构造走向（趋势线），它们的年龄不同。居主导地位的一个构造走向在苏丹（Sudan），它比较老，呈东北走向，在向东北直流的尼日尔河上游直至喀麦隆都可以看到。它在45°切割海岸线。然而，另一个年轻的构造走向在喀麦隆南部，正像在地图上观察到的那样，大致由北向南运行并与海岸曲线平行。

---

① 杜·托伊特：《南非的石炭纪冰期》（The Carboniferous Glaciation of South Africa），载《南非地质学会》（Transactions of the Geological Society of South Africa），第24卷，第188—227页，1921年。
② 雷蒙尼：《非洲西部》（Afrique occidentale），《区域地质学手册》（Handbuch der regionalen Geologie），第7卷，第14章，第57页，海德堡，1913年。

第五章 地质学的争论

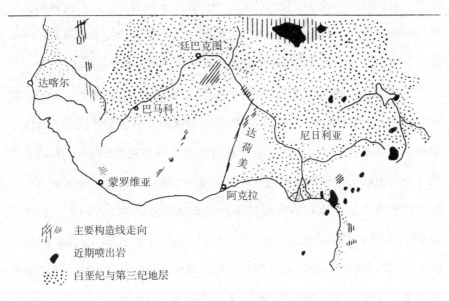

图5-6 非洲构造线走向图（据雷蒙尼绘）

在巴西，我们发现了同样的现象。苏斯写道："圭亚那（Guiana）东部的地图……显示了构成该地区的古生代沉积层或多或少为东西走向，包括古生代地层形成的亚马孙盆地（Amazon basin）北部。因此，从卡宴（Cayenne）向亚马孙河口的海岸运行方向与构造走向是交叉的……到目前为止，巴西的地质情况是众所周知的，人们认为直到圣罗克角的大陆轮廓都是与山脉走向交叉的，但是，从这些山麓一直到乌拉圭，海岸的位置都是由山脉标记的。"这里河流的流向通常也遵循构造方向，一面有亚马孙河，另一面有旧金山河和巴拉那河（Paraná River）。当然，由凯德尔绘制的南美洲构造地图显示其基本遵循了J·W·伊凡斯（图5-7）的观点。最近的调查证明，有三分之一的构造走向平行于东北海岸，情况从而变得更复杂。然而，其他两个构造走向在这张地图上显示得很清楚，虽然在一些

099

地区有点偏离海岸线。在我们的复原图中，南美洲有一个大角度转向，亚马孙河的方向与尼日尔上游的方向又恰好平行，这两个构造走向与非洲的情形一致，因此，我们可以进一步确认两大洲之间存在直接连接。

巴西和非洲南部的类似结构，最近被强调得越来越多。R·马克（R.Maack）陈述如下："任何了解非洲南部的人都会觉得这里（巴西）的地质景观令人震惊。每走一步我都会想起纳马夸兰（Namaqualand）和德兰士瓦的地层。巴西地层完全对应非洲南部地层系列的每一个细节。"在这段旅程中，马克在帕图斯找到五个金伯利岩管层（地理坐标为南纬18.5°，西经46.5°）。他总结说："显而易见，鉴于今天相应地层的分离距离，人们必须排斥大陆桥延伸至大西洋海底的想法。魏格纳关于大陆漂移的想法支持了以上的观察发现，从古老的地质时代起，除去石炭—二叠纪，干燥的气候在南非西部占主导地位，而米纳斯的三叠纪沉积物也是因干燥的气候形成。[①]"

著名的南非地质学家杜·托伊特对此进行了特别深入的比较研究。他在南美洲做了一次探索之旅。本次调查的结果包括一个非常完整的文献调查，1927年作为华盛顿州卡耐基研究所的第381号（共157页）出版物出版，标题为《比较美洲南部与南非，F·R·考伯瑞德的古生物学成就》（*A Geological Comparison of South America with South Africa. With a Palaentological Contribution by F.R. Cowper Reed*）。就全球关注的这些

[①] R·马克：*Eine Forschungsreise über das Hochland von Minas Geraes zum Paranahyba*，载《柏林地理学会会刊》（*Zeitschrift der Gesellschaft für Erdkunde zu Berlin*），第310—323页，1926年。

第五章 地质学的争论

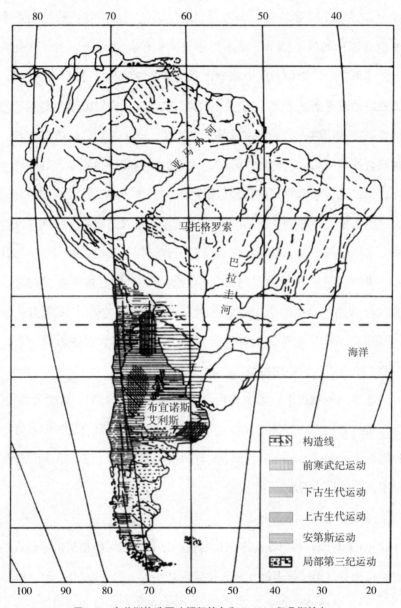

图5-7 南美洲构造图（据凯德尔和J·W·伊凡斯绘）

地区而言，它是漂移理论正确性的地质学论证。如果我们想引用书中有利于漂移理论的每个细节，就不得不从头到尾将它翻译出来。部分陈述如下："事实上，即使近距离来看，我也很难意识到这是另一个大陆，而不是好望角南部地区的某一部分……"（第26页）在第97页他写道："在我准备这篇评论时，首先尝试的是历史记述，不去考虑任何假设方式，如这种联合方式或大陆块的最终分离方式；但它已变得很明显，数据的组合可以说明，这是非常肯定的位移假说的方向……"他说，大西洋两侧的吻合，已由大量的数字确证，不再可能想象它们是偶然现象，特别是因为它们覆盖了广阔的土地，时间跨度为从前泥盆纪到第三纪。杜·托伊特补充说："此外，这些所谓的'巧合'是由地层、岩性、古生物、构造、火山和气候的性质合成的。"我们不能在这里重现并整合某些要点去填补杜·托伊特书中第七章的七页的内容（"关于位移假说的影响"），但是，我们给出了主要地质特征的比较。

"在每一种情况下，都要将注意力限制在长度约45°、宽度为10°的地表条带上，我们现在将继续比较这两个延伸带，即其轨迹延伸的一方是从塞拉利昂（Sierra Leone）到开普敦，而另一方则从帕拉（Pará）到巴伊亚—布兰卡港（Bahía Blanca）……

"两侧陆地的情况如下：

"（1）基础岩石包括前寒武纪时代的结晶体和某些褶皱带所包含的前泥盆纪沉积物，虽然许多沉积物有待确定其年代，但一般对应岩性特征。

"（2）陆地的最北端是只受过轻微扰动的志留纪海相和泥盆纪河床，它横亘于塞拉利昂和黄金海岸（Gold Coast）之间广阔的向海岸线倾斜的地域，构成亚马孙河口的基础。

"（3）在更远的南部绵延着元古宙（Proterozoic Period）和早古生代地层带，主要是石英岩、板岩和石灰岩，几乎平行于海岸，只在北部稍有弯曲，但在其南部则受到更多干扰，在那里它们被花岗岩群侵袭，例如，在吕德里茨（Lüderitz）和开普敦之间的地区，在旧金山和拉普拉塔河（Rio La Plata）之间。

"（4）接近平伏状态的泥盆纪的克兰威廉地区对应于巴拉那和马多可洛索几乎一样的地段。

"（5）再往南，我们发现好望角南部的泥盆石炭纪的沉积体平行于巴伊亚布兰卡北部的岩层，它们很一致地错过了石炭—二叠纪冰川沉积物，两者的延续体在二叠纪、三叠纪和白垩纪受到强烈挤压，显示相似的方向。

"（6）追溯向北，冰碛岩都会呈水平分布，它们侵入泥盆纪沉积，停靠在由这些冰碛岩和古老岩石形成的冰蚀地貌之上；再向北，它们就消失了。

"（7）在不同情况下，冰川主要被带有'舌羊齿植物群'（Glossopteris flora）的二叠纪和三叠纪的陆相地层大面积覆盖；其次是大量流出的玄武岩和广泛渗透的被假定为里阿斯纪（Liassic）的辉绿岩。

"（8）这些冈瓦纳河床向北延伸，从南部的卡鲁到卡奥科费尔德（Kaokoveld），从乌拉圭到米纳斯吉拉斯。

"（9）在北部进一步出现了大分离区，即安哥拉（Angola）-刚果（Congo）和马拉尼昂州（Maranhão）地区。

"（10）一个地层层内的断裂是普遍的，即便如此，在晚三叠纪和早二叠纪的河床之间通常不存在角度不整合的情形。然而，在某些区域，晚三叠纪的地层可能会处于倾斜的二叠纪或前二叠纪的构造上呈现出明显的不一致性。

"（11）海岸上出现倾斜的白垩纪河床，仅位于本吉拉（Benguela）-刚果低地和巴伊亚—塞尔希培地区。

"（12）水平的白垩纪—第三纪河床，既有海相又有陆相沉积，覆盖程度巨大，从喀麦隆到多哥兰（Togoland）、塞拉阿州、马拉尼昂州以及其他南部地区。同时，卡拉哈里（Kalahari）沙漠广大范围的沉积物大致与晚第三纪沉积以及第四纪阿根廷南美大草原（The Quaternary Pampean of Argentina，即潘帕斯草原）平行。

"（13）在做这一概括性的总结时，构成重要环节的福克兰群岛不可忽视。岛上一系列泥盆石炭纪的褶皱情形与好望角的难以区分，而拉弗系（Lafonian）与卡鲁系则紧密地平行。福克兰群岛西南部的地层和结构，在好望角也有，但在巴塔哥尼亚（Patagonia）没有发现……

"（14）从生物学角度出发，注意力应集中在：①分布在泥盆纪的好望角、福克兰群岛、阿根廷、玻利维亚以及巴西南部的'南相'（Austral facies）。相比之下，'北相'（Boreal facies）则分布于巴西北部和撒哈拉沙漠（Sahara Desert）中部。②这种独特的爬行动物是中龙属（Mesosaurus），分布在好望角的德韦卡页岩（Dwyka shales）到巴西、乌拉圭和巴拉圭伊拉蒂页岩中。③圆舌羊齿—舌羊齿植物群（Gangamopteris Glossopteris flora）是分布于南半球冈瓦纳河床北部的一种小的混合形式。④丁菲羊齿植物群（Thinnfeldia flora）分布于好望角的上冈瓦纳和阿根廷。⑤尼奥科姆系（Neocomian）动物群分布于好望角南部和阿根廷西北的内乌肯（Neuquén）。⑥白垩纪的北部或地中海相（Mediterranean

第五章 地质学的争论

facies）和南回归线以北的第三纪生物群。⑦分布在巴塔哥尼亚的始新世南大西洋南极相（South Atlantic–Antarctic facies，圣乔治湾组）。

图5-8 南美大草原

图5-9 多棘成年中龙复原图

中龙，拉丁文名称为Mesosaurus，为长约1公尺（1公尺=1米）的细长水生动物，生存在淡水河湖中，由热尔韦（Gervais）在1864—1866年命名。中龙属于早期爬行纲的中龙属，化石见于宾夕法尼亚系和下二叠纪

105

图5-10 舌羊齿化石　　　　　图5-11 舌羊齿复原图

舌羊齿是种子蕨舌羊齿目（Glossopteridales）最重要的代表属，其最重要的特征是单叶呈披针或倒披针形，具有明显中脉和结成长多边形单网眼的侧脉。它是晚古生代到中生代早期冈瓦纳植物区特有的植物，见于印度、澳大利亚、南美洲、非洲南部及南极洲的二叠纪至三叠纪地层中，少数见于侏罗纪早期

"（15）非洲和南美洲的地理轮廓惊人地相似，不仅在主要方面，甚至在细节方面。此外，除了在北部，那些第三纪的边缘宽度很小，因此，这些河床也是短暂存在的。"

这里特别值得注意的是，关于两个大陆地质关系中的一个相当新的因素，杜·托伊特是第一个将其出版的研究者。在该书第109页，他说：

"而且，最重要的是，当追溯各大陆范围内的特定地层时，我们从研究中获得由特定地层显示的阶段性变化的证据。

"我们考虑两个等价地层的例子：一个在南美洲或在大西洋海岸附近，由A向西延伸到A'，另一个在非洲，在海岸附近，由B向东延伸到B'。可以肯定的是，不止一个这样的实例，在这里，岩相变化在AA'或BB'的距离比在AB的距离更大，虽然大西洋的全部宽度介于A和B之间。换言之，这两个反向海岸的特殊构造,往往比各自大陆内任何一个或两个实际、可见的延伸都更相似。随着这类案例的增多,而且不止来自一个地质时代,这样的奇异关系不能再被视为完全偶然,因此,需要寻求一个明确的解释。此外,一项分析显示,这种意外的倾向相当显著,所涉及的地层无论是海相的、三角洲的、陆相的、冰川的、风成的,还是火山岩。"

杜·托伊特给出了两个大陆分离之前的相对位置。杜·托伊特强调,在复原时,如果想观察到岩相的差异,就要在当今的海岸线之间留一个至少400~800千米距离的间隔。我完全同意这一点,两个海岸线之间必须有剩余空间。对于大陆架来说,它可在其前面延伸;而对于形成大西洋中脊的材料来说,这也是容许的。也许,当"流星"考察队评价和研究大量的回声探测数据时,就可以更准确地确定大陆块的相对位置。我猜测,以这个途径取得的结果与杜·托伊特基于地质对比所取得的结果类似。

杜·托伊特认为,漂移理论的一个特殊佐证是在福克兰群岛发现的,即远离巴塔哥尼亚的大陆架与该地区没有地质联系,而与南部非洲有关联。(我必须承认,福克兰群岛呈现在杜·托伊特假定的复原图中。如果考虑到它们的现今位置和南大西洋深度的话,这似乎是值得怀疑的。在复原图中,我会把它们放在好望角的南部而不是西部;然而,这是一个次要问题,进一步的研究无疑会将之澄清。)

我必须承认,杜·托伊特的著作给我留下了深刻的印象,我几乎不敢期望如此接近的两大洲在地质方面完全一致。

正如我以前表明的,在古生物学和生物学的范围内推断出一个结论——在早白垩纪至中白垩纪期间,南美洲和非洲之间陆地区域的形式交换中止了。这一点并不违背帕萨尔格（Passarge）的观点①，非洲南部边缘的裂痕在侏罗纪时期就已经形成了，而且裂谷从南部逐渐开放，而重要的是，槽形断层的形成可能在很早以前就发生了。

在巴塔哥尼亚，分裂导致了一类异常的板块运动，A·温德豪森（A. Windhausen）描述如下："新的隆起始于中白垩纪期间巨大的区域性运动。"使巴塔哥尼亚地表"发生了改变，从一个明显倾斜区变为一个整体下沉区，从而受干旱或半干旱条件影响，遍布多石荒地和沙质平原"。②

如果继续比较大西洋海岸线对岸更远的北方，我们会发现，位于非洲大陆北部边界的阿特拉斯山系的褶皱主要发生在渐新世，但早在白垩纪就已经开始了，在美洲那边却没有延续。（最近，亨蒂尔和斯托布意欲看到这样一种延续，在中美洲范围内，尤其是安的列斯群岛一带，属于同一地质年龄；但贾沃斯基反对此观点，这与普遍接受的苏斯理论是不相容的，其中南美洲东科迪勒拉山脉弧是作为小安的列斯群岛的延续，因此，褶皱曲线没有派生出东西向的分支。）这与我们提出的重建假设是一致的，大西洋裂谷在这一区域已经开放了很久的时间。事实上，在这里的裂谷有可能从前并不存在，但开始分裂的时间肯定在泥炭纪之前。此外，北大西洋西部的巨大深度也许意味着这里曾经是古老的海底。人们也应该注意到，伊比利亚半岛（Iberian peninsula）和对面美国沿海地区之间，以前的海岸线竟直接相连，真正令人难以置信。然而在任何情况下，根据大陆漂移理论并不能作出这种假设，因为在西班牙和美国之间存在着广阔的亚速尔群

---

① 帕萨尔格：《卡拉哈里沙漠》（*Die Kalahari*），柏林，1904年。

② A·温德豪森：*Ein Blick auf Schichtenfolge und Gebirgsbau im südlichen Patagonien*，载《地质评论》（*Geologische Rundschau*），第12卷，第109—137页，1921年。

岛（Azores）海底山丘。从最早的跨大西洋回声测深剖面（Atlantic Ocean echo-sounding profile）来看，该板块可能代表由大陆材料组成的侵蚀层，其原始长度估计为1 000千米或更长。

从这些岛屿以及其他岛屿的地质状况来看，的确可以将其理解为大陆板块，且地质结构完全相符（至于它们基底的大部和中大西洋的海岭，是否由玄武岩构成则仍是问题。）

C·加格尔（C.Gagel）[1]也得出结论，加那利群岛（Canary Islands）和马德拉群岛（Madeira）是欧洲—非洲大陆分裂的遗迹，其首次分离发生在相对近的时间。

在大安的列斯群岛地区，C·A·马特雷（C.A.Matley）最近做了一个关于开曼群岛（Cayman Islands）的地质检测并得出结论："首先，大安的列斯群岛的所有岛屿，虽然被海洋以相当大的距离和深度所分开，但是，在地质构造和火山岩系之间，它们的特征、岩相及相关性方面存在非常密切的家族相似性。它们的地质历史也非常相似。这些岛屿曾经比今天更接近彼此，这是漂移理论的佐证。此外，加勒比海（Caribbean Sea）的巨大海沟，如巴特莱特海沟（Bartlett trench），泰伯（Taber）声称是海槽断裂，很难理解安的列斯的陆地块体怎么会沉入地壳。"[2]这只是一个小细节，但正是从这样的小拼接开始，地球整个表面的大规模图片最终被组装完成。

---

[1] C·加格尔：《大西洋中部的火山岛》（*Die mittelatlantischen Vulkaninseln*），载《区域地质手册》（*Handbuch der regionalen Geologie*），第7卷，第4部分，海德堡，1910年。

[2] C·A·马特雷：《开曼群岛的地质环境（英属西印度群岛）》〔*The Geology of the Cayman Islands*（*British West Indies*）〕，载《地质社会学期刊》（*Quarterly Journal of the Geological Society*），第3章，第352—387页，1926年。

在更远的北方，我们发现方向一致的三个古褶皱带，从大西洋的一边延伸到另一边。这又一次提供了非常显著的证明，即它们从前是直接连接的。

最吸引眼球的是石炭纪褶皱，苏斯称之为阿摩力克山脉（Armorican mountains），它使北美煤田看起来似乎是欧洲的直接延续。这些山脉现在更趋于稳定，它们自欧洲大陆的内陆地区开始，首先向西北延伸形成一个弧形构造，然后向西延伸，在爱尔兰西南部和布列塔尼（Brittany）地区形成一个荒凉的、不规则的（所谓"里亚式"）海岸线。本系统最南端的褶皱范围穿越法国，又完全转向南部的海上大陆架，并在伊比利亚半岛的另一侧继续延伸为比斯开湾（Bay of Biscay）的深海裂谷。苏斯称这个分支为"阿斯图里亚斯旋涡（Asturian swirl）"。然而，其主脉显然在大陆架的北部向西延伸，虽然其顶部已被波浪所侵蚀，但仍向大西洋盆地延展。（考斯马特的观点①与苏斯不同，他认为，环绕海洋区域的欧洲所有褶皱弯曲最后都返回到伊比利亚半岛；这一观点将难以获得支持，因为如此大规模的一条褶皱曲线不可能包含在大陆架内。）

贝特朗在1887年首次发现新斯科舍（Nova Scotia）和纽芬兰岛东南部阿巴拉契亚山脉（Appalachians）的分支在美洲方面的延伸。这是一个石炭层范围的褶皱山脉终端，如欧洲那样折向北方；这里同样产生了一个里亚式海岸线，其范围可能跨越纽芬兰浅滩（Newfoundland Bank）的大陆

---

① 考斯马特：《地中海山脉与地壳均衡说的关系》（*Die mediterranen Kettengebirge in ihrer Beziehung zum Gleichgewichtszustande der Erdrinde*），载《萨克森省科学院学报·数学与物理专号》（*Abhandlungen der Mathematisch-Physischen Klasse der Sächsischen Akademie der Wissenschaften*），第38卷，第2期，莱比锡，1921年。

架。它原本为东北方向,在断离处附近转为正东方向。根据现有的观点,人们假设它是一个单一的大褶皱系统,苏斯描述它为"跨大西洋阿尔泰造山带"。若用大陆漂移理论来解释,问题就大大简化了。过去人们假设有一个沉没的中间部分比我们所知的终端部分更长,这样的假说是A·彭克曾经历的一个困境。在裂谷的交界处,有一些零星的海底隆起,过去人们视之为沉没链的顶峰。而我们的理论认为它们是由分离板块产生的边缘碎片。因为在这样的构造扰动区,其分离产生碎片是可以理解的。

直接连在欧洲北面的是一个更古老的褶皱山脉,其形成于志留纪和泥盆纪之间,穿越挪威和不列颠岛北部。苏斯称之为加里东期褶皱(即古苏格兰山系)。K·安德雷[①]和N·迪尔曼(N.Tilmann)[②]已对该褶皱的延续问题进行了探讨,认为"加拿大喀里多尼亚(Canadian Caledonians)"的一系列褶皱是加里东期的延续,例如,加拿大阿巴拉契亚山脉(Canadian Appalachians)在加里东期发生了褶皱。当然,它们之间的对应关系并未受到一个事实的影响,那就是美国加里东褶皱系通过前面讨论过的阿摩力克褶皱而再一次改变;在欧洲,这个过程只发生在中部地区。这些加里东褶皱的对接段应该在苏格兰高原和北爱尔兰的一侧,在纽芬兰岛的另一侧也可见。

---

① K·安德雷:《关于加拿大地质的各种文献》(*Verschiedene Beiträge zur Geologie Kanadas*),载《贝尔福尔与马堡自然科学会通讯》(*Schriften der Gesellsehaft zur Beförderung der gesamten Naturwissenschaft zu Marburg*),第13卷,第7期,第437页及以下,马堡,1914年。

② N·迪尔曼:《加拿大阿巴拉契亚山脉的结构与构造》(*Die Struktur und tektonische Stellung der kanadischen Appalachen*),自然科学学会波恩自然与医药学会下莱茵区分会(Sitzungsberichte der naturwissenschaftlichen Abteilung der Niederrheinischen Gesellschaft für Natur-und Heilkunde in Bonn),1916年。

此外，欧洲加里东褶皱系北部位于更古老的（阿尔冈）片麻岩范围内，即赫布里底群岛（Hebrides）和苏格兰北部。在大西洋彼岸的美洲，与之对应的是同样老的拉布拉多片麻岩山地；它们延伸到南部的贝尔岛海峡（Strait of Belle Isle），并深入到加拿大。在欧洲，褶皱山系走向是东北—西南；在美洲，则从这个方向转变为东西向。达凯在此指出："从这个可以推断出山脉越过北大西洋达到对岸。"根据以前的说法，沉没的陆桥必须长达3 000千米，若按今日大陆的位置，欧洲部分到美洲的直线投影在南美洲的方向上是几千千米。根据漂移理论，美洲大陆曾被侧位移动和旋转，在恢复大陆的原状后，它直接加入到欧洲大陆，并作为一个扩展部分出现。

在北美洲和欧洲还存在着显著的更新世（Pleistocene Period）内陆冰盖的终端冰碛。它们处于同一沉积时间，那时纽芬兰岛已经脱离了欧洲，而在北格陵兰附近，大陆板块仍然是连接的。无论如何，北美洲在那个时候必定比今天更接近欧洲。在我们的复原图中，如果考虑到冰碛，在分离之前，如图5-12所示的那样，它们能够无缺口、无断裂地衔接起来；如果在沉积的时候，海岸的距离已经和现在一样为2 500千米，那么这样的衔接是极不可能的，而且现在美洲的南端比欧洲要低4.5纬度。

上文讨论了大西洋两岸的一致性，即开普山脉的褶皱和布宜诺斯艾利斯山脉的锯齿状山脊、火山岩、沉积物、构造走向的整合，巴西和非洲高原巨大片麻岩数不胜数的其他细节，阿摩力克山系、加里东期、阿尔冈纪的褶皱和更新世的终碛等。虽然在某些情况下，漂移理论可能仍然是不确定的，但这些对应点的总体性几乎构成了无可辩驳的证据，其正确性使

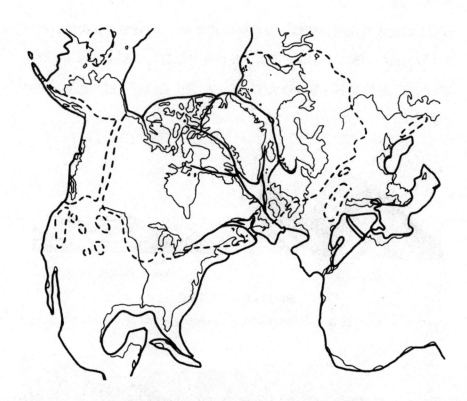

图5-12 第四纪内陆冰的界限,北美洲分离前进入复原期

我们坚信,大西洋应被视为一个扩大的裂痕。这里最重要的事实是:陆块必须整合其基础上的其他特征,尤其是它们的轮廓;其整合带来了每一种构造的延续,在更远的一侧完美地接触,却于近侧一端形成地貌。它就像我们将一份撕裂的报纸沿着边缘进行匹配,然后检查印刷线是否很好地衔接上了。如果完美匹配,就会得出这样的结论,即这些碎片实际上是以这种方式连接的;如果只有一条线可以用于测试,我们仍然会找到一个高拟合精度的概率;但是,如果我们有n条线,这个概率将提高到n次幂。这无疑是有一定价值的。如果漂移理论仅以开普山脉的褶皱和布宜诺斯艾利

斯山脉的锯齿状山脊为依据,我们假设其有10∶1的概率是正确的;但现在至少有6个这样的独立测试可用,我们便可以把这个理论正确的概率变为10^6∶1。这些数字可能被夸大了,但它们完全可以显示这些独立测试的意义。

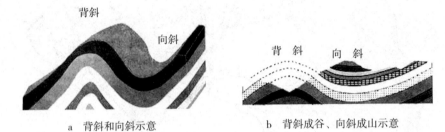

a 背斜和向斜示意　　　　b 背斜成谷、向斜成山示意

图5-13　褶皱构造与地貌

图5-14　褶皱构造地形

第五章 地质学的争论

图5-15 澳大利亚波浪岩(白垩纪)

图5-16 格陵兰岛冰山一角

到目前为止，大西洋裂谷北部的分叉——格陵兰岛两侧——变得越来越窄。这样，两岸的一致性就丧失了说服力，因为它们的起源越来越容易解释。即便如此，对格陵兰岛两侧的解释也不是完全没有意义的。我们发现，大范围的玄武岩碎片分布在爱尔兰和苏格兰的北部边缘以及赫布里底群岛和法罗群岛（Faroes）；在冰岛至格陵兰岛那边也有分布，并形成了大半岛，其南部与斯克斯比湾（Scoresby Sound）接壤，然后沿着海岸前行直至北纬75°处。在格陵兰岛西部海岸，我们也发现了广泛分布的玄武岩片。在所有这些地区，分布着陆生植物的地区都有含煤地层，且位于两个玄武岩熔岩片之间。两个不同地区的相似性催生了以前的土地相关联的观念。同样的结论也来自陆相泥盆纪"老红"矿床的分布。在美洲，从纽芬兰岛到纽约（New York）有矿床的分布，在英格兰（England）、挪威南部、波罗的海、格陵兰岛、斯匹次卑尔根也有同样分布。这些发现勾勒出一幅在其形成时期连成一片的分布图，而这个地区现在是被割裂开的——按照过去的观念，它是由于连接地带的沉没形成；按照漂移理论，则是由于断裂后漂离形成。

这里值得一提的是，石炭纪沉积物出现在格陵兰岛东北部北纬81°处，在对岸斯匹次卑尔根岛也有分布。

此外，在格陵兰和美洲之间存在着结构上预期的对应。根据美国地质调查局（United States Geological Survey）的北美洲地质图，在费尔韦耳角及其西北一带的片麻岩中，有许多前寒武纪的侵入岩，而它恰好又在美洲的贝尔岛海峡的北侧被发现。在格陵兰西北部的史密斯海峡和罗伯逊海峡（Robeson Channel），其位移不涉及拉开的裂口边缘，而是一个大规模的水平错位，是走滑断层或横向断层。格林内尔地（Grinnell Land）沿着格陵兰滑动，于是，带有明显的线性边界的两个陆块由此产生。这种漂移在劳格—科赫（Lauge-Koch）①的格陵兰岛西北部地质图中可见，如图5-17所示，如果人们寻找泥盆纪和志留纪之间的边界线，它位于80°10′的格林内尔地和81°31′的格陵兰岛之间。另外，在加里东褶皱系统，横跨格陵兰岛到格林内尔地的一大片区域里，人们可以检测到相同的漂移。

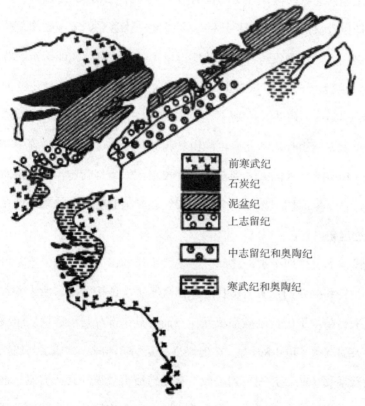

图5-17　格陵兰岛西北部地质图（据劳格—科赫绘）

---

① 劳格—科赫：《格陵兰西北的地层学》（*Stratigraphy of Northwest Greenland*），载《丹麦地质学报》（*Meddelelser fra Dansk Geologisk Forening*），第5卷，第17期，第1—78页，1920年。

在此，需要作进一步简短的说明：我们是如何复原大西洋前大陆的连接的。我们将在稍后提供一个更全面的记述，如硅铝块的可塑性，其地下融合的过程，等等。但为了避免误解，有必要说明一下，我们所做的事情只是在地质基础上比较裂谷边缘。

在北美洲，我们的复原图显示了一些与今天地图的偏差，拉布拉多似乎被推向略微偏西北处。假设强大的拉力最终将纽芬兰岛从冰岛扯开，产生了一个延伸以及共同区域两个板块的表面撕裂，这是它们实际破裂之前的状态。在美洲方面，不仅纽芬兰岛陆地板块（包括纽芬兰浅滩）折断并旋转了约30°，而且整个拉布拉多也向东南方向下沉，因此，圣劳伦斯河（St. Lawrence River）和贝尔岛海峡原先形成的直槽断层变成了现今的S形构造。进一步说，哈得孙湾和北海可能由此起源，并在这个拉动过程中被扩大。因此，纽芬兰岛大陆架受到双重位置校正：一个是旋转，一个是向西北的推力。这一复原图与新斯科舍的陆架线匹配很紧密，而陆架线现在的延伸则已远远超出它。

我们假设冰岛位于两个裂缝之间，从现代水域的深度图来看，这是可能的。格陵兰岛和挪威的片麻岩山丘之间出现了一个凹槽断层，后来裂谷的一部分被来自陆块下的熔融硅铝填满。然而，其余部分是由硅镁层组成的，正如今天的红海（Red Sea），在地块再次受到挤压时，硅镁层与底部较深区域的联系被切断，并被挤到上面，从而造成大规模的玄武岩流。这似乎是很合理的假设。它实际上发生在第三纪，因为在第三纪南美洲向西漂移，结果出现一个扭转力，所以只要冰岛—纽芬兰岛链作为一个"锚"不动，北美洲以北将会出现挤压现象。

我们也应该对这个连接中的大西洋中脊做出简要的考察。豪格

（Haug）认为，一开始，它就是一个包含整个大西洋地区的巨型褶皱地槽，但在今天这一观念被普遍认为是不完善的。我们可以参考安德雷的评论文章。无论如何，在我看来，我们在此处理的是陆地板块分离的一个意外结果。假设此处不是一个单一的裂缝，而是一个裂隙网络，因此出现一个岩石碎屑层，且大部分沉没在海平面以下，成为可以移动并趋向平坦的底层。碎屑层可能遍布各处，且其边痕如今不再紧密地匹配。

我们曾经说过，亚速尔群岛面积相当于一个碎屑层，据估计已经超过1 000千米宽。这当然是一个特殊的情况，大西洋中脊与之相比要窄得多。从杜·托伊特给出的位置来看，人们可以根据现今的边缘架推导出碎屑层仅几百千米宽，有些地方可能更窄；倘若我们忽略少许不适应的情形，如阿布罗柳斯浅滩（Abrolhos Bank）或尼日尔河口的凸角区域，那么这一陆地板块边缘至今仍然惊人地吻合，这是一致认同的事实。我们的复原图（图2-19和图2-20）只是概略图，原图的绘制者们没有足够重视碎屑层这一难以估算的地带。然而，是否有可能在这些细节的基础上完成复原，目前尚无定论。即使我们完全准确地知晓大西洋底的轮廓，也仍然还有许多不确定的因素，比如洋底有多少是玄武岩，曾经位于欧亚大陆和美洲大陆这两个现今大陆块的下面？在陆地板块的分离过程中，玄武岩是被撕裂的次大陆物质的提取物还是流出物？我们在进行复原时，不能不考虑到这一部分。

从地质学上来说，关于其他大陆连接的主题，与我们假设的大西洋裂谷主题相比，人们鲜有提及。

马达加斯加岛像它的邻居非洲一样，由东北走向的褶皱片麻岩高原组成。相同的海洋沉积物被堆积在裂谷线两侧，这意味着自三叠纪以来，陆地板块的两个部分就已被淹没的凹槽断层所分离；马达加斯加岛的陆地动物也证明了这一点。然而,雷蒙尼[①]指出,在第三纪中期,当时印度板块已经从非洲分离,有两种动物(河猪和河马)由非洲迁移来此。在雷蒙尼看来,这些动物只能游过至多30千米宽的水湾,而现在的莫桑比克海峡(Mozambique Channel)为400千米。因此,只有在第三纪之后,马达加斯加板块与非洲才可能经历海底分离,而印度板块向东北漂移则比马达加斯加岛早得多。

图5-18　东非大裂谷

非洲地质结构中相当重要的一个特征是裂缝,大部分裂缝沿着北—南方向而行,多存在于非洲东部地区。在关于地球"张力地带"的一个有趣调查中[②],J·W·伊凡斯强调了许多有利于漂移理论的观点,特别是以下陈述:"非洲大陆的大部分结构尚未确定;但是,到目前为止,它似乎

---

① 雷蒙尼:《马达加斯加》,载《区域地理学手册》(Handbuch der regionalen Geologie),第7卷,第4期,第6章,海德堡,1911年。
② J·W·伊凡斯:《张力地带》(Regions of Tension),载《地质社会学报》(Proceedings of the Geological Society),第81卷,第2章,伦敦,1925年。

无处不在。支持张力从中心向外运行的观点很盛行。在中生代开始的时候有一个伟大的'原始大陆'（Ur-Kontinent），其中非洲是中心，并且它已经被一些相对运动打破了，包括南美洲向西运动、西南极洲向西南运动、印度板块向东北运动、澳大利亚板块向东运动以及东南极洲向东南运动。"（当这些运动开始时，由于磁极位置不同，罗盘的基本点也显著各异。）

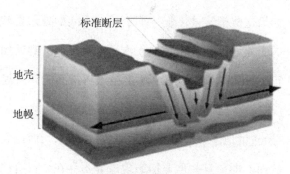

图5-19　东非大裂谷成因示意图

印度次大陆是一个平坦的褶皱的片麻岩高原。褶皱仍然显示着其对地貌成因的影响，如在古老的阿拉瓦利山脉（Arvalli Mountains）和印度大沙漠（Great Indian Desert）西北边缘都可以看到，此外在科拉纳山也有很古老的褶皱。根据苏斯的研究，前者的走向为北偏东36°，后者的走向为东北。因此，它们的走向与非洲—马达加斯加的走向一致。根据我们的复原需要，将印度板块稍稍旋转，所有的一切就可以连接起来。除此之外，还有内洛尔山脉或维拉康达（Vellakonda）山脉的褶皱，为北—南走向，它和非洲的北—南走向一致。印度钻石矿脉与南非钻石矿脉是连接的。在我们的复原图中，印度西海岸与马达加斯加岛东海岸是相连的，两侧的海岸由片麻岩高原上的直线断裂组成；在裂隙扩大的过程中，沿这些断裂线可能有像格林内尔地与格陵兰之间一样的相互滑动。断裂两端均有约10°纬度长，北端都出现玄武岩。在印度从北纬16°开始，是覆盖着一大片玄武岩层的德干高原（Deccan），它起源于第三纪初。因此，这两个陆地板块的分离有因果关系。马达加斯加岛的最北端由两个不同时期的玄武岩组成，但还未确定其生成日期。

巨大的喜马拉雅褶皱山系起源于第三纪，它意味着地壳的很大一部分受到挤压；如果这些褶皱被恢复，那么亚洲大陆的外形看起来会完全不同。可能所有的东亚地区，从西藏、蒙古（Mongolia）到贝加尔湖（Lake Baikal），甚至白令海峡，都参与了这个挤压。最新的调查显示，最近的褶皱过程并不仅限于喜马拉雅山，例如，在彼得大帝山脉（Peter the Great Mountains），始新世地层被褶皱抬升到海拔5 600米，而在天山山脉也有大断层产生。然而，即使有些地方褶皱现象并不存在，仅有稳定地区的隆起，也与这个褶皱过程密切相关。巨大的硅铝块因褶皱发生而深陷，所以必然熔化到相邻陆地板块的底部并抬升地面。如果我们只考虑亚洲陆地板块最高的区域，它的平均海拔约为4 000米，褶皱距离达1 000千米；如果我们以阿尔卑斯山为例，设定（忽略更高海拔）相同的透视法，即缩减到原来程度的四分之一，然后，我们获得的印度板块的位移距离是3 000千米，因此在褶皱发生之前它一定位于马达加斯加岛附近。在这里，利莫里亚沉没陆桥的旧说法显然没有了立足空间。

这个规模巨大的压缩可在其褶皱带的两侧看到许多痕迹。马达加斯加岛从非洲的分离及东非近期裂谷带的形成（包括红海与约旦河谷），就是这个大褶皱所产生的一部分现象。索马里半岛（Somali peninsula）可能被向北稍微拉动，压缩部分形成阿比西尼亚山脉；硅铝块被迫向下沉降，穿过融合等温线,流向陆地板块之下的东北部,在阿比西尼亚和索马里半岛之间的夹角处涌出。阿拉伯半岛(Arabia)也经受了东北方向的拉力,使阿克达(Akdar)山脉的分支像马刺一样渗透到波斯(Persia)山脉中。扇形的兴都库什山脉(Hindu Kush)和苏莱曼山脉的形成,表明这里达到了皱缩区的西限。同样的情况也发生在东部边缘的压缩区。在

图5-20 利莫里亚古陆的压缩

那里,缅甸(Burma)的山脉转趋回折,以南—北走向穿过安南、马六甲(Malacca)和苏门答腊。总之,整个东亚都受到了压缩运动的影响,其西限位于兴都库什山和贝加尔湖之间的阶梯式褶皱,一直延伸到白令海峡,其东限由凸起海岸和亚洲东部的岛屿链构成。

乍一看,这些内容太神奇了,最近研究人员对山脉结构的调查也完全证实了上述有关褶皱带的说法。这种说法出现在1924年,尤其体现在由阿尔冈主导的亚洲结构的大规模调查的结果中。

在图5-21中,我们重现了阿尔冈的一幅图,说明了亚洲高地的巨大压缩,代表了从印度到天山的纵断面范围,因为阿尔冈认为这即将在第三纪结束。阴影区表示支撑的硅镁层;非阴影区表示硅铝块;圆点表示特提斯海遗留的产物;被硅铝层所夹带的基性岩(硅镁层)也被标示出来;箭头显示着相对运动。总的来说,这里有一个巨大的逆掩断层,其中硅铝质利莫里亚板块被迫位于亚洲板块之下。

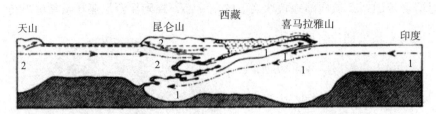

图5-21 穿越利莫里亚皱缩（Lemurian compression）的纵剖面（据阿尔冈绘）

1代表利莫里亚（印度），2代表亚洲

我们同时引用其他图表来说明，如图5-22所示。它清楚地表明，著名结构地质学家所获得的结果与漂移理论充分一致。阿尔冈提醒要注意以下特点：三个硅铝层褶皱区Ⅰ、Ⅱ和Ⅲ是一种弯曲形态，类似于南美洲安第斯山脉，但其弯曲率越往东越小。阿尔冈的结论是："来自西方的一个推力使之发生塑性变形，并传输到冈瓦纳古陆整个框架；这一推力使其恰好穿越大陆板块，而其对地表形态的影响也在向东方慢慢地传递中消失了。"任何情况下，都要考虑硅铝层褶皱下层的硅镁层摩擦以及硅铝层的内部变形。阿尔冈认为，"大西洋板块断裂发生前，太平洋硅镁层受到冈瓦纳古陆向西驱动的阻力，这就是现在南美洲处于前沿位置的原因……如果没有寻找到安第斯山脉和这个分支之间应力关系的同源性，那么所有解释都将是徒劳。坦噶尼喀区存在的向北的安第斯运动和白垩纪中期在侏罗纪河床上的运动不一致，证明这种应力关系远非错觉，其宽度至少达到了现在像南美洲、非洲这种仍结合在一起的陆块的宽度。"

我们必须参考阿尔冈得出的另一个结论。他测定了主褶皱带硅铝层的褶皱量（在此，我们并不讨论方法问题），但他表示，这是以单位距离排水量吨位计算的结果。他还区分了硅铝层褶皱和"新形成岛链"之间的吨位，而对能量方面的考虑则有所欠缺。通过统计数据，他发现在地中海褶皱区域（阿尔卑斯山脉到喜马拉雅山脉）"吨位"的差异很大，与环太平洋的褶皱形成了鲜明的对比。特别值得一提的是，太平洋的外围地区褶皱量的吨位与中亚地区褶皱的巨大压力没有任何可比性。此外，北美西海岸褶皱量的"吨位"大大超过了亚洲东海岸的"吨位"。就生成时期近的东亚山脉链而言，形成这一山脉链褶皱的"吨位"绝对比北美的"吨位"要大得多，而北美大陆几乎完全没有；这进一步强调了东亚地势低与褶皱的数量有关。

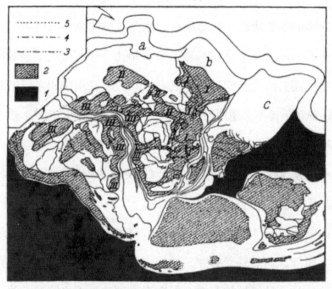

图5-22　冈瓦纳古陆构造图（据阿尔冈绘）

图解：
1代表主要硅镁层；
2代表倾斜的硅铝层褶皱区域；
3代表硅铝层褶皱脊线；
4代表硅铝层褶皱槽线；
5代表联合线；
Ⅰ，Ⅱ，Ⅲ代表冈瓦纳古陆内部的三个分支区域；
a，b，c代表冈瓦纳古陆的非洲、阿拉伯和印度山麓

阿尔冈认为第一组结果，即地中海褶皱带褶皱程度的高度变异性是因为硅铝块存在不均匀性而产生的。他说："相反地，在环太平洋地区，吨位的轻微变化表明，与构成非常庞杂和易变形的大陆板块相比，太平洋下产生的是一种普遍存在的更均匀的材料……漂移理论在解释吨位分布事实方面毫无困难。该理论认为，太平洋下相对均匀和兼容的材料是硅镁层……漂移理论很容易解释第二组和第三组事实，与美洲相比，这是亚洲东部能量缺乏的表现。在板块运动过程中，漂移理论允许前方板块，即其中的硅铝块，在一定条件下，对硅镁层板块逆冲，由此产生褶皱断层；而在后方，卷入回撤的硅铝块，这是形成一个或多或少完全中断褶皱的原因，加上拉伸应力的影响，产生横向断裂；像纽扣孔一样的撕裂断层形成边缘入口；在被拖曳而去的山脉的后面，沿着大陆的轨迹形成或多或少的独立岛弧；硅镁块现在不得不去适应新的环境，从而抬升后面的板块。由于参与硅镁块完全隆起的时间延迟了，深层断裂槽线因而产生。第一种类型过程主要发生在美洲西缘，第二种类型很长一段时间发生在亚洲东部，前者的吨位与后者相比，其优越性不言自明。"

阿尔冈补充说："漂移理论简洁地解释了这些重要的事实。该理论开始并不为人所知，而后备受青睐。严格来说，这些事实没有一个真的证明了漂移理论，甚至硅镁层的存在，但两者之间达到了思路的一致，这对漂移理论的成立很有价值。"

上面讲了阿尔冈的观点，该内容可以被视为对亚洲在整个世界结构中的一个主要概述。

在印度东海岸和澳大利亚西海岸之间做一个精确的地质比较也是很值得的。因为根据漂移理论，直到大约侏罗纪时它们还是连在一起的。然而，到目前为止，至少从地质角度来看，没有人做过这样明显的比较。印度东海岸是片麻岩高原上的陡峭的断裂线，只有狭窄的哥达瓦里煤田是例外，它们由冈瓦纳河地层组成。冈瓦纳河床上层随着海岸线不整合覆盖在其边部。西澳大利亚也有一个片麻岩高原，与印度次大陆和非洲一样有着波状表面。这个高原下降至海洋，沿着海岸线有一个长长的、陡峭的边缘，这是达令山系（Darling Range）及其向北的延展。陡峭的边缘前面是一个平坦的沉积层，它由古生代和中生代地层组成，并伴有少量的侵入玄武岩；在这个区域之外，是一条狭长的片麻岩带，时隐时现。在欧文河（Irwin River）提取到的地层沉积物中也含有煤。澳洲片麻岩褶皱的走向一般是南北走向；如果和印度次大陆接合起来，走向则改为东北—西南，也就是平行于印度次大陆的主走向。

在澳大利亚东部，澳大利亚山脉（本质上是石炭纪褶皱系统）沿着海岸从南到北分布，其褶皱系统在向西逐步回落中结束。而独特的褶皱系统总是精确地沿着北—南方向运行。正如兴都库什山脉和贝加尔湖之间的阶梯式褶皱一样，澳大利亚山脉是褶皱的侧边界。安第斯山脉的巨大褶皱，从阿拉斯加（Alaska）开始，延伸到整个四大洲，并以此为终点。澳大利亚山脉的最西边最古老，而最东边则最新。塔斯马尼亚是这一褶皱系统的延续。有趣的是，这个山系与南美洲安第斯山脉在结构上显示出相似性，最东边的山脉是最古老的，因为它们位于地极的另一侧。最近，澳大利亚缺失的最年轻的褶皱山脉，被苏斯在新西兰（New Zealand）发现。当然，其褶皱过程甚至没有延伸到第三纪："根据大多数新西兰地质学家的观点，形成毛利安（Maorian）山系的主要褶皱发生在侏罗纪和白垩纪之间。"在此之前，几乎所有的东西都被大海覆盖，这个褶皱过程第一次

"把新西兰地区变成了一个大陆板块"。上白垩纪和第三纪河床仅见于边缘地带。事实上，新西兰南岛（South Island）上的白垩纪沉积仅见于东海岸，而不见于西海岸。在第三纪"西海岸发生分裂"，"因为第三纪海洋沉积物也在那里发现"。在第三纪末期，出现了其他褶皱、断层、逆掩断层，当然规模在缩小，最后形成今日山脉的形态。可以用漂移理论解释这个问题：新西兰原为澳大利亚板块东部边缘的一部分，因此其主要褶皱过程与澳大利亚山脉相连；当新西兰山脉被分离而形成花彩岛时，褶皱过程停止。至于第三纪末期的变动，则大概与澳大利亚板块的推移和漂移有关。

图5-23 新几内亚岛链的扩散（示意略图）

图5-24 新几内亚岛附近海深图

第五章　地质学的争论

从新几内亚岛地区的深度图可以看出澳大利亚板块运动的细节，如图5-23所示。从东南来的巨大的澳大利亚板块，其前部厚如铁砧，这是由于在新几内亚岛褶皱成年轻的高海拔山系时，澳洲陆块前端从东南方被挤压到巽他群岛（Sunda Islands）和俾斯麦群岛（Bismarck Archipelago）之间的褶皱链中。在深度图中，如图5-24所示（这是巽他群岛最明确的地图，参见莫伦格拉夫的《东印度群岛现代深海研究》，它提供了海拔和水深的相等间隔。），我们看到巽他岛最南端的两个褶皱组：爪哇链沿东西向在水中运行，最后弯曲形成一个螺旋环绕班达群岛（Banda islands）到西波各（Siboga）浅滩，走向从东北、北变为西北、西，最终变成西南走向的过程；帝汶岛（Timor）岛链位于爪哇链的南部，它有一个扭曲变形的过程，这是其与澳大利亚大陆架碰撞的证据。H·A·布劳沃[1]给出了此碰撞背后详细的地质推理。这条链被猛烈地扭曲成一个螺旋形，像爪哇链一样，一直延伸到布鲁岛（Buru）。布劳沃在一篇论文中分享了一个有趣的细节[2]：内岛链上布满了火山，直至今天仍然活跃；只有两岛〔即班达尔（Pantar）和达马尔（Damar）〕之间的伸展地带是曾经活跃的死火山。

---

[1] H·A·布劳沃：《东印度群岛东部岛弧区曲线型的地壳运动》（On the Crustal Movements in the Region of the Curving Rows of Islands in the Eastern Part of the East-Indian Archipelago），载《阿姆斯特丹科学院汇刊》（Koninklijk Akademie van Wetenschappen te Amsterdam），第22卷，第7—8号，1916年；又载德国《地质杂志》（Geologische Rundschau），第8卷，第5—8期，1917年；《哥廷根科学协会会刊》（Nachrichten der Gesellschaft der Wissenschaften zu Göttingen），1920年。

[2] H·A·布劳沃：《关于班达尔和达马之间不存在的活火山（东印度群岛）和这一区域地壳构造运动的关联》〔On the Non-existence of Active Volcanoes between Pantar and Dammer (East Indian Archipelago), in Connection with the Tectonic Movements in this Region〕，载《阿姆斯特丹皇家学会院刊》（Koninklijk Akademie van Wetenschappen te Amsterdam），第21卷，第6期，1917年。

然而，紧靠着帝汶岛北部边界的外链部分被澳大利亚陆架挤压，因此，在这里的弯曲过程停止了，但这种扭曲变形的过程在其他地方继续着。这些事实正好契合了澳大利亚板块碰撞的观点，对火山起源问题同样有启发性——它是通过岛链的弯曲引起的压力形成的。

人们可以看到一个非常有趣的对新几内亚岛东侧碰撞过程的补充：新几内亚岛从东南部开始移动，被俾斯麦群岛的一些岛屿刮擦，这时撞上了新不列颠岛（New Britain）的东南端，并将其拖着走，同时把这个岛旋转超过90°而弯成半圆。在它的后面留下一条深沟，但由于行动的急剧，硅镁块还来不及填满它。

很多人或许认为，仅仅从深度图就推导出这样的结论，未免太轻率。事实上，深度图上到处都是可靠的板块运动指向，特别是在近期。

巽他群岛的许多孤立的现象也证明了漂移理论的正确性。例如，B·瓦纳（B.Wanner）[1]解释说，布鲁岛和叙拉贝斯（Sula Besi）之间的深海不可能是因为布鲁岛已经在水平方向上漂移了10千米所致，这与漂移理论相吻合。G·A·F·莫伦格拉夫（G. A. F. Molengraaff）[2]在这个地区的巽他群岛图标注的珊瑚礁已经上升超过5米。这一地区的现象与漂移理论研究的结果惊人地相近。根据漂移理论，硅铝层一定由于压缩力而加厚了。包括澳大利亚板块的北部——除了爪哇岛和苏门答腊岛（Sumatra）西南海岸，一直到西里伯斯岛（Celebes 或Sulawesi，即苏拉威西岛），

---

[1] B·瓦纳：《摩鹿加群岛的构造》（*Zur Tektonik der Molukken*），载《地质杂志》（*Geologische Rundschau*），第12卷，第160页，1921年。

[2] G·A·F·莫伦格拉夫：《荷属东印度群岛的海洋地质》（*De Geologie der Zeeën van Nederlandsch- Oost-Indië*），莱顿，1921年。

第五章 地质学的争论

以及新几内亚岛北部和西北部海岸。根据C·加格尔①的研究，最近有相当多的台地，已被抬升1 000米、1 250米，也许近1 700米，这一情形发生在新几内亚岛的柯尼希·威廉角（Cape KöRon Wilhelm）。根据K·萨珀（K.Sapper）②的研究，同样的情形也在新不列颠岛可见。这种非常显著的现象意味着，在此地，距今最近的时期，有一种强大的力量在起作用，引发了区域碰撞，这很符合我们的观点。

在巽他群岛，漂移理论看起来是如此神奇。值得注意的是，在巽他群岛工作的荷兰地质学家们，是第一批站在漂移理论立场的科学家。这些人中最早的专家是莫伦格拉夫，早在1916年他就为此提出理论③；后来还有范·维伦（Van Vuuren）④、温·伊斯特（Wing Easton）⑤、B·G·埃

---

① C·加格尔：《威廉王角的地质研究》（*Beiträge zur Geologie von Kaiser-Wilhemsland*），载《德国殖民地地质调查专刊》（*Beiträge zur geologische Erforschung der Deutschen Schutzgebiete*），第4期，第55页，柏林，1912年。

② K·萨珀：《新不列颠岛及威廉角的见闻》（*Zur Kenntnis Neu-Pommerns und des Kaiser-Wilhelmsland*），载《彼得曼文摘》（*Petermanns Mitteilungen*），第56期，第89—123页，1910年。

③ G·A·F·莫伦格拉夫：《珊瑚礁问题与均衡说》（*The Coral Reef Problem and Isostasy*），载《阿姆斯特丹学院汇刊》（*Koninklijk Akademie van Wetenschappen*），第621页，1916年。

④ 范·维伦：《西里伯斯政府论文集》（*Het Gouvernement Celebes. Proeve eener Monographie*），第11卷（特别注意第6—50页），1920年。

⑤ 温·伊斯特：《在魏格纳大陆漂移学说启发下的马来群岛的位移》（*Het ontstaan van den maleischen Archipel, bezien in het licht van Wegener's hypothesen*），载《全荷兰地质学会杂志》（*Tijdscrift van het Koninklijk Nederlandsch Aardrijkskundig Genootschap*），第38卷，第4期，第484—512页，1921年6月；又见其《魏格纳学说的引申及其对大向斜与均衡说的意义》（*On Some Extensions of Wegener's Hypothesis and Their Bearing upon the Meaning of the Terms Geosynclines and Isostasy*），载《荷兰殖民地高山学会地质专刊》（*Verhandelingen van het Geologisch-Mijnbouwkundig Genootschap voor Nederland en Kolonien*），第5卷，第113—133页，1921年。

舍尔（B.G.Escher）[①]以及G·L·斯密特·斯宾格（G.L.Smit Sibinga）[②]等人。最近，斯宾格特别地从漂移理论角度给出了一个巽他群岛地质发展的完整报告，同时也解决了西里伯斯岛和哈马黑拉岛（Halmahera）特有的形状起源的问题。他总结到："小巽他群岛、西里伯斯岛和马鲁古群岛（Moluccas）代表着从巽他陆块切断的原始边际链。起初，它们形成一个普通的双链，但后来因为与澳大利亚大陆板块碰撞而呈现现在的形状。"我们在这里给出其调查的结语：

"在最后一节，我们想逐条指出关于马鲁古群岛的一些地质事实，并通过我们的假说去更好地解释它，而这是基于泰勒和魏格纳的思想，正如上面所言，其比任何其他理论都适宜。

"（1）漂移理论没有必要解释海洋下被淹没的前陆地在当今的代替者、造山过程和前陆桥的消失，换句话说，漂移理论与均衡理论一致。

"（2）漂移理论以一种明确的、合乎逻辑的方式解释了当今的构造地貌，这是由于马鲁古群岛链（原始双链）和澳大利亚大陆板块之间的碰撞导致的。

"（3）漂移理论提供了关于西里伯斯岛北部奇异S形的一个解释，这是一个非常不寻常和令人费解的背斜。这也是来自澳大利亚大陆压力的结果，它取代了帝汶岛—斯兰岛（Ceram）链，直到西里伯斯岛，从而打破布鲁和苏拉岛屿之间的岛链。

---

① B·G·埃舍尔：*Over Oorzaak en Verband der inwendige geologische Krachten*，莱顿，1922年。

② G·L·斯密特·斯宾格：*Wegener's Theorie en het ontstaan van den oostelijken O. J. Archipel*，载*Tijdschrift van het Koninklijk Nederlandsch Aardrijkskundig Genootschap*，第2辑，第5版，第44章，1927年。

"（4）漂移理论提供了一个自然而然的解决方案，把环绕班达海（Banda Sea）盆地的显著的岛链形式解释为一个"压缩链"。前文中，我们已经详细讨论了收缩理论在这个问题上导致的无法成立的结果。

"（5）漂移理论解释了在帝汶岛—斯兰岛链中横向断层从班达盆地向外分叉发散的事实，表明这条链受困于澳大利亚大陆的推力，而从收缩理论的角度看这是一个令人费解的现象。

"（6）漂移理论使人能够理解外岛链第三纪走向的异常。因为它们的走向在发生变化的同时，岛链在被压缩之前仍然有其原来的形状。

"（7）漂移理论支持造山力量来自澳大利亚大陆。这精确地解释了为什么外岛链与这个大陆有直接接触——相比于内岛链，西里伯斯和哈马黑拉群组的褶皱和翻转是如此强烈。内岛链从未接触到澳大利亚大陆。这些造山运动的力量通过外链只传输到了西里伯斯岛，因此，必然失去了强度；而哈马黑拉群组与澳大利亚和外链之间存在几乎相同的亲密联系。相反，如果一个假定的切向压力来自于班达盆地，人们会期望最密集的造山运动出现在内岛链和西里伯斯岛东部。

"（8）在解释山脉形成时，漂移理论避开了错综复杂的地质和生态要素构成原始大陆的观念。

"（9）图康贝斯（Tukang Besi）和邦盖群岛（Banggai Island）之间的外岛链破裂，压力随之释放，漂移理论可以解释在下新世期间造山运动进程的中断。即使造山强度比较小，在上新世期间当外岛链与西里伯斯岛接触时，这一过程也曾重启。

"（10）关于西里伯斯岛西部显著的地质差异和该岛东部的下沉，漂移理论提供了一个可接受的解释。西里伯斯岛中部活火山的灭绝和其北部的重新喷发，可用同样的方式解释，这是在潘塔尔岛和达马尔岛之间活火山活动的间歇（布劳沃），也就是说，通过外岛链渗透到（西里伯斯东部）内岛链（西里伯斯西部）。

"（11）东印度群岛（East Indies）东部的地层模式变得更清晰、更明显。因为最近的古生代直到新三纪期间，间歇性的海进进一步深入到巽他地区，同时，边缘岛链的形成与分离同时发生。从地槽带来看，它位于中生代巽他大陆的前缘，外岛链由此发展起来；从另一条地槽带来看，它位于第三纪巽他大陆之前，第三纪中新世早期内岛链也发展了起来；边缘链——主要是新三纪形成的地槽褶皱——仍然保持与巽他陆块的统一。

"（12）漂移理论可能对马鲁古群岛动物群的分布给出一个比较满意的解释。它需要有菲律宾群岛（Philippines）、马鲁古群岛和爪哇的从前土地关联，还有一个是在哈马黑拉岛群和西里伯斯岛北部之间，这正是动物地理学家们相信的。"

现在可以看到，对于地球上令人费解的区域，漂移理论已经成为职业地质学家的一个工具。

有两个海底山脊加入新几内亚和澳大利亚东北部，成为新西兰的两个岛屿，并显示出漂移的路径；山脊可能是以前的土地，因受牵引力作用而变得扁平，因此被淹没，但某种程度上，它们可能是板块底面融合的遗迹。

论及澳大利亚与南极洲的联系，我们对南极洲大陆所知不多，能谈的甚少。一条宽广的第三纪沉积带沿着澳大利亚整个南部边缘行进，并延伸通过巴斯海峡（Bass Strait）；它仅仅在新西兰再次出现，在澳大利亚东海岸则未现身。它可能是第三纪被淹没的凹槽断层，那时澳大利亚板块已从南极洲分离，但塔斯马尼亚区域除外。一般认为，塔斯马尼亚结构是南极洲维多利亚地（Victoria Land）的延续。另一方面，O·维尔肯斯（O. Wilckens）①写到："新西兰褶皱范围的西南弧形（即奥塔哥鞍形陆架）在南岛的东海岸似乎突然被切断了，这个终止不是自然的，但毫无疑问源于一个断裂。其范围的延续只能在一个方向上寻求，即格雷厄姆陆地山脉或'南极安第斯山脉'。"

我们还应该提到，南非开普山脉的东部体现着同样方式的断裂。根据南极遗址复原图，我们将不得不在高斯伯格（Gaussberg）和科茨地（Coats Land）之间寻找断裂范围的延续，但那里的海岸仍然是未知的。

图5-25 德雷克海峡（Drake Passage）海深图（据格罗尔绘）

---

① O·维尔肯斯：《新西兰的地质》（*Die Geologie von Neuseeland*），载《自然科学杂志》（*Die Naturwissenschaften*），第41期，1920年；又载《德国地质杂志》（*Geologische Rundschau*），第8期，第143—161页，1917年。

前面已经提到南极西部和火地岛（Tierra del Fuego）之间的连接，以地质学观点来说，它可以作为一个显示漂移理论的模型（如图5-25所示）。直至上新世末，至少在火地岛和格雷厄姆地（Graham Land）之间有过一定的物种的交换，古生物学数据证实了两个区域的关联；如果两个岬角一直位于南三文治群团（South Sandwich）的岛弧附近，那么这种交换是可能的。然后，它们向西漂移，但其狭窄的链仍然卡在硅镁层。在海深图中可以看到，雁行链从漂移块上被逐一地撕落、遗留下来。南三文治群团就在其裂谷地区中间，是这一过程中最强烈的一个弯曲。在此过程中，包含于陆地板块中的硅镁层被挤压。这些岛屿都是玄武岩质的，其中一个岛（扎瓦杜斯基，Zawadowsky）仍是活跃的火山。此外，根据F·许恩（F. Kühn）①的研究，第三纪晚期的安第斯山褶皱消失于"南设得兰群岛弧"的整条链，同时，在南乔治亚岛（South Georgia）、南奥克尼岛（South Orkneys）等地形成更古老的褶皱，这是众所周知的。这些特点均由漂移理论做出了解释。事实上，如果南美洲和格雷厄姆地的褶皱是由向西漂移的陆块产生的话，那么褶皱过程一定有个终点。南设得兰群岛地处遥远却与此相关，只是当时它们被硅镁层缠住了。

与此相关的，还可以举出石炭—二叠纪过渡期的冰川现象，这在南部大陆上随处可见，可以作为漂移理论的证据，因为它们是原先连接的大陆部分的碎片。相比沉没大陆的说法，用漂移理论来解释更容易一些，因为它们之间的分离是如此大。

---

① F·许恩：《所谓南安的列斯岛弧及其意义》（*Der sogennante 'Südantillen-Bogen' und seine Beziehungen*），载《柏林地学杂志》（*Zeitschrift der Gesellschaft für Erdkunde zu Berlin*），第249—262页，1920年。

第五章 地质学的争论

如果对本章节的结果加以研究，就一定会得出这样一个看法，即漂移理论在当今具有良好的地质学理论基础，尤其体现在细节上。的确，在现在的地质学家中，仍然有许多漂移理论的反对者，他们从不同的侧面提出了反对意见，如泽格尔、C·迪纳（C.Diener）[①]、贾沃斯基（Jaworski）[②]、W·柯本（W.Köppen）[③]、A·彭克[④]、O·阿姆斐雷、H·S·华盛顿（H.S.Washington）[⑤]、F·诺尔克（F.Nölke）[⑥]等，总体来说，这些反对意见不是单纯的误解（尤以C·迪纳的观点为例），而更多地涉及解决问题的一些细枝末节，这些细枝末节对漂移理论的基本概念几乎没有任何撼动作用或建设意义。在此请允许我引用阿尔冈的证言，他向我们保证："自1915年，特别是1918年以来，我花了很长时间来验证漂移

[①] C·迪纳：《地球表面的大地形》（*Die Grossformen der Erdoberflächen*），载《维也纳地质学会文摘》（*Mitteilungen der k. k. geologischen Gesellschaft*），第58期，第329—349页，1915年；《三叠纪时期的海侵区》（*Die marinen Reiche der Triasperiode*），载《维也纳科学院院报数理专号》（*Denkschrift der Akademie der Wissenschaften, Wien, Math.-Naturw. Klasse*），1915年。

[②] 贾沃斯基：《南大西洋盆地的年龄》（*Das Alter des südatlantischen Beckens*），载《地质评论》（*Geologische Rundschau*），第60—74页，1921年。

[③] W·柯本：《大陆漂移说》（*Zur Hypothese der Kontinentalverschiebung*），载《柏林地理学会会刊》（*Zeitschrift der Gesellschaft für Erdkunde zu Berlin*），第130—143页，1921年。

[④] A·彭克：《魏格纳的大陆漂移说》（*Wegeners Hypothese der kontinentales Verschiebungen*），载《柏林地理学会会刊》（*Zeitschrift der Gesellschaft für Erdkunde zu Berlin*），第110—120页，1921年。

[⑤] H·S·华盛顿：《岩浆区和魏格纳假说》（*Comagmatic Regions and the Wegener Hypothesis*），载《华盛顿科学院学报》（*Journal of the Washington, Academy of Sciences*），第13卷，第339—347页，1923年。

[⑥] F·诺尔克：《关于对魏格纳大陆和海洋假说的反对》（*Physikalische Bedenken gegen A. Wegeners Hypothese der Entstehung der Kontinente und Ozeane*），载《彼得曼文摘》（*Petermanns Mitteilungen*），第114页，1922年。

理论的真实性。依据我的方法，绘制了完整的地质构造图集，标示出所有我可能判断的与运动方向相反的点。因此，如果今天我没有时间来证实我的一些推论，这并不意味着未及展开讨论，人们就可以认为它是轻率的或没有根据的。"

针对反对意见，阿尔冈这样说："任何理论的合理性都不超过它描绘的迄今为止已知事实的全部能力。在这方面，大型陆地板块的漂移理论处于完美的安全状态。开始时，它只是针对未知的领域；随着它的发展，获得了很多的力量和资源而又根本不失逻辑性，同时，它增加了研究范围，并与那些被普遍持有的观念也变得越来越和谐。在魏格纳出版的著作中可见对漂移理论的不断精炼与完善。漂移理论牢固地建立在地球物理学、地质学、生物地理学和古气候学等众多学科的知识交叉点的基础之上，它并没有被驳倒。一个人必须花费很长时间来寻找对该理论的反对意见，也要找到一些无懈可击的迥异的理论，而且该理论要有巨大的灵活性与广泛的自辩性。有人认为他掌控着一个关键的异议权，有一个更大的打击会使整个漂移理论崩溃。然而什么也没有崩溃，人们只是恰好遗忘了一点或两点。这是一个千变万化、充满灵活性的世界。

"有一些反对的理论存在，但几乎所有的反对理论我都曾提到。那些已经出版或发表的，只有很少部分是合理的。这些关注也只是几个次要问题，到目前为止，从来没有涉及最重要的问题。"

第六章　古生物学和生物学的争论

　　对于地球史前时期的演化问题,古生物学、动物地理学和植物地理学都有重大的贡献。而对地球物理学家来说,如果他在验证自己的观点时没有考虑到这些学科分支提供的研究成果,那么就将陷入研究误区。如果生物学家要对大陆漂移问题进行全面研究,他们就得利用地质学和地球物理学的证据进行判定,不然就会使研究陷入误区。从我了解的情况来看,大部分生物学家认为不论是陆桥说还是大陆漂移说对其都不重要,因为他们对这个问题持十分不严谨的态度。如果不盲从自己不熟悉的观点,那么生物学家可能会认为地壳是由比地心轻的物质构成。因此,如果大洋底属于下沉大陆,那它就应像大陆一样由较轻的地壳物质构成,海洋重力测量值也会在4~5千米厚度的岩层出现重力亏损。但事实并非如此,这个结论只是地球引力在海洋中测定出的普通值。生物学家切记,大陆下沉的假说应该仅限于研究大陆架和沿海水域时,研究大型海洋盆地时不予以考虑。只有了解相关学科的研究成果,才能把有价值的事实资料变成客观真理。

　　前面我已经提出我的基本观点,在我看来,目前的漂移说缺乏生物学方面的证据。即便如此，仍有许多学者支持大陆漂移说。L·冯·乌必西（L.von Ubisch）①、W·R·埃克哈特（W. R. Eckhardt）②、G·科洛西（Colosi）③、L·F·博福特和其他学者发表论文称，生物学家已经开始采用漂移理论。他们基本赞同这一理论，但是并没有就其进行充分的阐述。因此不难理解F·奥克兰（F.Ökland）④或是冯·伊赫林的想法。奥克兰总结了对漂移理论的考证，解释了大西洋问题，认为漂移理论不如大陆下沉说合理。冯·伊赫林对南大西洋持有相同看法。他们都认为大陆下沉说更为可取。实际上，这个问题被错误地理解了。关于海洋盆地的问题，并不是大陆漂移或者大陆下沉哪个说法更合理，因为大陆下沉根本不属于讨论的内容。这只是在大陆漂移和大洋永存说之间做选择的问题。

基于上述原因，我们有理由相信支持大陆漂移说的所有生物学证据。浩繁的生物学证据表明，曾经存在一片广泛连接的大陆横跨今天的海洋盆地。对外行人来说，引用相关生物证据是不能完成论证的；对我们来说，要在本书范围内逐个介绍也是不可能的。由于生物学家的著作屡屡论及漂移说的生物学例证，其中阿尔德特已做深入研究。我们没有必要再重复

---

① L·冯·乌必西：《魏格纳大陆漂移说与动物地理》（*Wegeners Kontinental Verschiebungstheorie und die Tiergeographie*），载《维尔茨堡物理学与医学会论文集》（*Verhandlungen der Physikalisch-Medizinischen Gesellschaft zu Würzburg*），1921年。

② W·R·埃克哈特：《非洲野生动物与南非的关系》（*Die Beziehungen der afrikanischen Tierwelt zur südasiatischen*），载《科学周刊》（*Naturwissenschaftliche Wochenschrift*），第51期，1922年。

③ G·科洛西：《*La teoria della traslazione dei continenti e le dottrine biogeografiche*》（*Universo*），1925年3月。

④ F·奥克兰：《关于魏格纳地极位移理论对北欧动物迁移的争论》（*Einige Argumente aus der Verbreitung der nord-europäischen Fauna mit Bezug auf Wegeners Verschiebungstheorie*），载《*Nyt Magsin för Naturvetenskap*》，第65卷，第339—363页，1927年。

第六章　古生物学和生物学的争论

此项工作，因为证实漂移理论的生物证据已经在他们的总体概述中得到证实，并被普遍接受。

南美洲和非洲在以前是相连的，就是有力的例证。施特罗默（Stromer）强调（根据其他证据），我们能从舌羊齿植物、中龙属爬行类动物以及其他动植物的分布中，推断存在一个连接南部大陆的大片干旱古大陆。贾沃斯基无一遗漏地反驳了所有的反对意见，他总结道："目前所知的，关于西非和南美洲的每一处地质特征完全符合当前和过去动物学以及植物地理学所提出的观点，即，在很久以前今天南大西洋所在的位置曾是连接非洲和南美洲的土地。"植物地理学家恩格勒（Engler）[①]得出结论："考虑到整体地质环境，如果我们能证明在巴西北部（亚马孙河口东南部）和非洲西部的比夫拉湾（Bight of Biafra）存在大岛屿或是大陆桥，并且证实另一块在东北方向向印度板块延伸、与中澳大陆分离、连接纳塔尔和马达加斯加岛的大陆存在。那么，上述提及的常见于美洲和非洲的植物类别将是对南美洲和非洲曾经是相连大陆的最好解释。好望角许多处植物区系和澳大利亚的关联同样建立起非洲大陆与澳大利亚大陆之间的联系。"最后一处连接似乎是关于北部巴西和几内亚海岸的，施特罗默认为："非洲西部跟赤道南部环境相同，并且中美洲（Central America）的热带海牛（Manatus）生活在河流和浅滩处及温暖的海域，但不能穿越大西洋。这就意味着最近几年，在非洲北部和南美洲西部之间，一定存在浅滩连接带；这个浅滩连接带一直延伸至南大西洋北部的海岸。"

冯·伊赫林在他的著作《大西洋的历史》中提出古大陆相连的大量证

[①] 恩格勒：《植物地理学》（*Geographie der Pflanzen*），载《自然科学手册》（*Handwörterbuch der Naturwissenschaften*）。

据。我们在此不作赘述；然而该书对大陆的连接问题提出了一种站不住脚的解释，即在今天的大陆之间，存在一块中间大陆（陆桥）使大陆相连，而这个拱形的位置没有发生过变化。早在白垩纪中期，这处连接的部分可能就已经断开。

早先发生在欧洲和北美洲之间的大陆连接，为我们提供了一组更为简化的图表；显然，连接的大陆由于发生海进，被反复侵蚀，或者多少曾被阻塞。表6-1是由阿尔德特绘制的，列举了大西洋两岸爬行动物和哺乳动物的同种百分比，此表有助于我们探讨北大西洋陆桥问题。

表6-1 大西洋两岸爬行动物和哺乳动物的同种百分比

地质时代	爬虫类 / %	哺乳类 / %
石炭纪	64	—
二叠纪	12	—
三叠纪	32	—
侏罗纪	48	—
下白垩纪	17	—
上白垩纪	24	—
始新世	32	35
渐新世	29	31
中新世	27	24
上新世	—	19
第四纪	—	30

大多数专家认为陆桥说曾存在于石炭纪、三叠纪，之后是下侏罗纪而非上侏罗纪，还有上白垩纪和下第三纪也存在。石炭纪时期的陆地连接最为显著，可能是我们对那个时期的动物区系有更加完备的认识。欧洲和北美的石炭纪动物区系经过了以下学者的研究调查：W·道森（W.Dawson）、贝特朗、沃尔科特（Walcott）、阿米（Ami）、索尔特

（Salter）、克勒贝尔斯贝格（von Klebelsberg）等。R·冯·克勒贝尔斯贝格曾论述石炭纪煤层中的海相夹层内动物的相似性①。这个煤层从顿涅茨地区开始，穿过上西里西亚（Silesia）、鲁尔区、比利时、英格兰直达美国西部。这种在短期内出现的如此广泛的现象值得我们注意。这些动物的相似性绝不只限于那些遍布全球的物种成分，我们对此不做过多的论述。

图6-1　蚯蚓

蚯蚓是一种常见的陆生环节动物，生活在土壤中，被达尔文称为"地球上最有价值的生物"。世界上的蚯蚓有2 500多种，我国已记录229种

在上新世和第四纪，爬行类动物的灭绝是受当时寒冷气候的影响所致的。而哺乳类动物从它们出现在地球上以来，就显示出和爬行类动物

---

① R·冯·克勒贝尔斯贝格：《德奥阿尔卑斯协会的帕米尔地质探险》（*Die Pamir-Expedition des Deutschen und Österreichischen Alpen-Vereins vom geologischen Standpunkt*），载《德奥杂志》（*Zeitschrift des Deutschen und Österreichischen Alpen-Vereins*），第45卷，第52—60页，1914年。

一样的特性。在始新世时期，两者百分比最为接近。上新世时期，两者关联度减少，或许是受到当时在美洲形成的内陆冰的影响。我们参考阿尔托特绘制的地图（图6-2），该图给出了对北大西洋陆桥问题具有决定性意义的动物分布。最近发现的蚯蚓科新正蚓科（Lumbricidae）分布在日本至西班牙地区，但在大西洋以西，只见于美国东部。珍珠贝见于两大陆断裂带上，主要在爱尔兰、纽芬兰以及两岸附近地区。鲈科（Percidae）和其他淡水鱼类发现于欧洲、亚洲、大西洋以西和北美洲东部。我们还应提到一种普通的帚石楠（Calluna vulgaris），除欧洲以外，只见于纽芬兰及附近地区。相反，大量的美洲植物在欧洲的生长地区只局限于爱尔兰西部。即便爱尔兰西部植物分布的原因也许要考虑墨西哥湾暖流，但它绝不是石楠属植物分布的原因。另一种值得关注的是菜园蜗牛的分布——从德国南部经过不列颠群岛，再到冰岛和格陵兰岛，最后横跨至美洲边境，但在美洲只见于拉布拉多、纽芬兰和美洲东部。对于这种情况，奥克兰绘制了一幅地图，如图6-3所示。我特别提请注意以下问题：即使我们忽略掉大陆下沉理论在地球物理学上是站不住脚的这一事实，但这种解释仍然不如漂移理论有说服力。因为大陆下沉理论必须借助一个很长的假想大陆桥来连接两个小的物种分布区域。根据前文提到的诸多案例，东部的和西部的物种分布边界是不太可能只在今天的大陆上，而不在海洋中宽阔的陆桥上的。

第六章 古生物学和生物学的争论

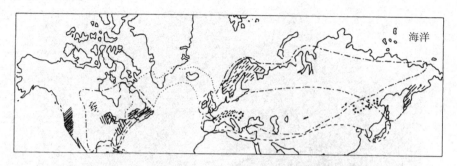

图6-2　北大西洋生物分布图（根据阿尔德特绘）

图解：
　　点状线代表蜗牛；虚线代表正蚓科（蚯蚓）；点状线加虚线代表鲈鱼；阴影区（东北—西南向）代表珍珠贻贝；阴影区（西北—东南向）代表米诺鱼（鲟鱼科）

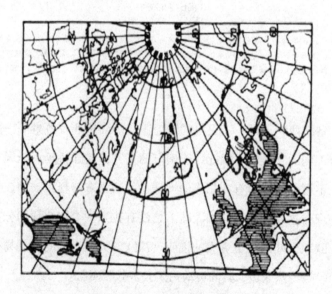

图6-3　菜园蜗牛分布图（据奥克兰绘）

图6-4 蜗牛

蜗牛,软体动物,腹足纲,并非生物学分类名称。西方语境中不区分水生的螺类和陆生的蜗牛,汉语语境下只指陆生种类。陆地上生活的螺类约22 000种,大多都属于腹足纲,肺螺亚纲(Pulmonata)比较少见。蜗牛是世界上牙齿最多的动物,其嘴若针尖大小,却有26 000多颗牙齿

冯·乌必西纠正说:"更早的理论假定的陆桥遍及各处……部分陆桥甚至横跨不同的气候带。因此,能确定的是,即使陆桥延展至同一气候区域内,也不可能通过所有在相连的大陆上的动物来解释大陆相连问题,正如我们在现在这片互有关联的大陆上,没有找到一个完全均匀分布的动物群一样。欧亚大陆就是最有力的说明,从欧亚大陆上的同类动物群来看,东亚作为一块特殊区域,其同类动物区大多分散而居。

而根据魏格纳的漂移理论,板块分离导致了一个完全统一的动物区的分离,板块分离必然会切断动物群中已有的边界。

北美洲和欧洲的统一动物区发生分离,其结果不言而明,因为板块分离的出现相对较晚,古生物学上相应的记录也十分丰富。此外,分离区是

研究者一直详细考察的区域，由于分离的时期相对较短，存活下来的物种就不可能按照不同的方式进行繁衍。

原本，我们对在两个地区之间发现更大的相关性不抱过多希望。但我们发现，在始新世时期，几乎所有亚纲类北美洲哺乳动物都出现在欧洲；这个发现同样适用于其他的物种。

当然，在大洋两侧的动物群之间的密切关系，也可以用北大西洋陆桥来解释……但是根据上述分析，魏格纳的解释更胜一筹……

因此，综上所述，暂且把细节放到一边，我们有充分的理由认为，动物地理学的事实与魏格纳的观点不谋而合。在许多情况下，相比之前所发现的理论，漂移理论能为我们提供更简单的解释问题的方法。（由于漂移理论会引导人们去期待更多的特性，奥克兰认为，基于同种物质，大陆下沉理论是首选，但是他忽略了大陆下沉理论在地球物理学上是站不住脚的。首先，漂移理论绝不会导致人们对动植物区系完全一致的误解，其次，化石发现的不完整性会使完全一致的动植物区系的数量减少，无论是从绝对数量上来说，还是从百分率上来讲。）"

在一部关于海鞘属的著作中，J·豪斯（J. Huus）[①]认为漂移理论的优势在于其不仅提供了大陆板块相连的可能性，也证实了动物栖息地的相互接近性："魏格纳的漂移理论为跨大西洋关系提供了非常简单的解释。据此，我们可以假定，不仅在所提到的沿海地区，而且在两大洲之间的开裂处，第三纪期间该裂口一定比现在的裂口更狭窄。因此，我们也就更容易理解传播到海洋的物种，还有这片海域的中部和南部的跨大西洋间的

---

① J·豪斯：*Über die Ausbreitungshindernisse der Meerestiefen und die geographische Verbreitung der Ascidien*，载*Nyt Magasin för Naturvetenskap*，第65卷，1927年。

关系。同时，漂移理论也为西印度群岛（West Indies）的海鞘属和印度洋（Indian Ocean）的海鞘属之间的亲缘关系提供了自然的解释。"

冯·乌必西[①]、H·霍夫曼（H.Hoffman）[②]和H·奥斯特瓦尔德（H.Osterwald）[③]近期提出关于北大西洋的一个有趣的细节。施密特发现：美洲和欧洲的淡水鳗常见的产卵区都位于马尾藻海（Sargasso Sea，西印度群岛东北）；欧洲鳗距离产卵区更远，因此较美洲鳗经历了更长的发展时期。奥斯特瓦尔德认识到，大西洋淡水鳗的特征能明确解释大西洋海洋盆地随美洲逐渐偏离欧洲的漂移现象。如果我的记忆没有出现偏差，早在1922年前，施密特就口头上为我解释过这个问题。（冯·乌必西和霍夫曼认为，这些事实与漂移理论相对立，支持了大陆下沉说，这是出于一种误解："人们最初认为产卵区的运动是被动发生的，在白垩纪—始新世时期，部分鳗鱼产卵的海底就像水盆盆底一样，已经被美洲大陆向西拖动了。""然而，根据魏格纳的理论这是不成立的，因为魏格纳认为，当大陆进行漂移时，新的硅镁层表面会不断地暴露出来。"马尾藻海海底可能不存在新露出的硅镁层，或许与佛罗里达和西班牙之间海洋盆地的底部是相同的，这一现象可以在始新世时期的地图中看到。实际或许更小，因为在复原图中，亚速尔群岛的硅铝层质量不计入考虑范围之内，它们应该附

[①] 冯·乌必西：《与魏格纳大陆漂移说的观点一致？》（*Stimmen die Ergebnisse der Aalforschung mit Wegeners Theorie der Kontinentalverschiebung überein?*），载《自然科学》（*Die Naturwissenschaften*），第12卷，第345—348页，1924年。

[②] H·霍夫曼：《现代动物地理学的问题》（*Moderne Probleme der Tiergeographie*），载《自然科学》（*Die Naturwissenschaften*），第13卷，第77—83页，1925年。

[③] H·奥斯特瓦尔德：*Das Problem der Aalwanderungen in Lichte der Wegenerschen Verschiebungstheorie*，载*Umschau*，第127—128页，1928年。

着在西班牙和北非大陆上。然而，在始新世时期，硅铝层早已存在于佛罗里达以东的海洋盆地上。覆盖于海洋盆地上的结晶质尽管附着于北美大陆上，但在那时已伴随大陆板块向西漂移。一份新的调查报告[①]，与此处引用的论文相比，更多地参考了关于植物学、动物学方面的论文，L·冯·乌必西赞同它给定结论的可能性，但他隐瞒了另一种猜想——欧洲大陆向东漂移，而不是美洲向西漂移。正如运动是相对的，这两种方式说明的是同一件事：如果美洲相对于欧洲而言是向西漂移，那么欧洲相对于美洲而言则是向东漂移。我借此机会再次强调，南美洲从非洲的分离是发生在中白垩纪之前；正如调查报告在第162页、第163页和第172页中所述，始新世、中新世动物区系的差异仍被视为反对漂移理论的论据。）

关于北美洲和欧洲间的裂缝区在何时漂移至纽芬兰和爱尔兰边境，仍有很大的分歧。然而，无论如何，这似乎是在第三纪末完成的。在更远的北部，连接冰岛和格陵兰岛的陆桥在第四纪仍存在。沙尔夫（Scharff）[②]认为这是非常可能的。

在此方面，瓦明（Warming）和纳特霍斯特（Nathorst）对格陵兰岛动物区系的调查是最有意义的。他们发现，在格陵兰的东南岸，即在第四纪位于斯堪的纳维亚和苏格兰北部前缘一带的海岸上，欧洲元素（即"欧洲

---

① L·冯·乌必西：《动物地理学及大陆漂移》（*Tiergeographie und Kontinentalverschiebung*），载《感应与血统—遗传学杂志》（*Zeitschrift für induktive Abstammungs-und Vererbungslehre*），第47卷，第159—179页，1928年。
② 沙尔夫：《北欧与北美间古陆桥的证据》（*Über die Beweisgründe für eine frühere Landbrücke zwischen Nordeuropa und Nordamerika*），爱尔兰皇家科学院记录，第28期，第1卷，第1—28页，1909年；来自阿尔德特的论文，载《科学评论》（*Naturwissenschaftliche Rundschau*），1910年。

板块的影响"译者注）占据优势；而在格陵兰岛现存的海岸上，包括其西北部，美洲板块的影响力占优势。

根据森珀（Semper）①的研究，格林内尔地第三纪植物群和斯匹次卑尔根岛的关系（63%）要比与格陵兰的关系（80%）更密切。当然，今天的情况恰好相反（分别是64%和96%）。根据我们复原的始新世时期的大陆分布情况，可以解开这个谜题。因为，当时格林内尔地和斯匹次卑尔根的距离，要比与格陵兰岛的距离短。

W·A·耶奇努瓦（W.A.Jaschnov）在《新地岛（Novaya Zemlya）甲壳纲动物》②中认为，现在淡水龙虾的分布同样可以作为漂移理论最好的例证。在水生生物方面，我们能列举出该理论存在高度的可能性，大陆漂移理论可以解释许多的较低等的水生生物在北半球的分布问题。例如我们所提到的，目前分散于各处的桡足类动物，它们通过各种方式进行物种扩散（借助风力或是飞鸟的力量），但由于缺乏其他阶段的资料，不纳入考虑范围。依照魏格纳的大陆漂移理论，说明该物种分布的范围绝对不只一处，如图6-5所示。

至于其他的研究者，我们只谈一下A·汉德里希（A.Handlirsch）③。

---

① 森珀：《古代气温问题，特别是欧洲与北极地区始新世时期的气候情况》（*Das palothermale Problem, speziell die klimatischen Verh ltnisse des Eoz ns in Europa und den Polargebieten*），载《德国地质学会杂志》（*Zeitschrift der Deutschen Geologischen Gesellschaft*），第48期，第261页，1896年。

② W·A·耶奇努瓦：《新地岛甲壳纲动物》（*Crustacea von Nowaja Zemlja*），《科学海洋研究所报告》（*offprint from the Berichte des Wissenschaftlichen Meeresinstituts*），莫斯科，1925年。

③ A·汉德里希：《生物学的精确贡献》（*Beiträge zur exakten Biologie*），载《维也纳科学学院报·数学——自然科学专号》（*Sitzungsberichte der Wiener Akademie der Wissenschaften, Math—Naturw Klasse*），第122卷，第1期，1913年。

第六章　古生物学和生物学的争论

图6-5　桡足类动物的分布图（据耶奇努瓦绘）

经过彻底调查，他认为："在北美洲北部和欧洲必然存在大陆连接处。在北美洲北部和东亚北部，陆桥的出现不晚于第三纪，或许直到第四纪，这些陆桥一定长期存在并反复发生……然而，我找不到令人信服的理由，证明两者直接相连，或者南极洲第三纪大陆是由南美洲、非洲和澳大利亚直接相连。我应补充的是，在这个方面，没有人能证实早期这样的大陆连接的不存在性。"

B·库巴尔特（B.Kubart）[①]针对大西洋中脊岛屿上植物区系进行了有趣的研究。从地质学角度看，大西洋中脊属于大陆的碎块。他对岛屿上的原生物种类型做了数据调查，并得到一定的证据。此项调查对于南北岛屿隔离的动物区系的研究也是有力的支持："当然这些证据不仅可以证明大

---

① B·库巴尔特：《对阿尔弗雷德·魏格纳大陆漂移说的评论》（*Bemerkungen zu Alfred Wegeners Verschiebungstheorie*），载*Arbeiten des phytopaläontologischen Laboratoriums der Universität Graz*，第2卷，1926年。

陆漂移，还可以证实大陆桥的存在。"因此，这些岛屿被认为是早期地质过程的遗留物。根据陆桥说，在地质时期，发生在非洲和南美洲大陆北部中间大陆桥的下沉，要早于发生在亚特兰蒂斯（Atlantis，传说沉没于大西洋的岛屿）北部的。但根据大陆永存说，亚特兰蒂斯大陆的上升是不可能发生的。因此，在植物区系比例中，数学上的发展成为证明从南到北进行的非洲、欧洲和美洲大陆板块之间分裂的直接证据，这些数据充分印证了地质发现。这就是漂移理论所发现的情况。（自然，库巴尔特是正确的，他认为较古老的陆桥下沉说不应该被完全否定。读者将会发现，由陆桥说组成的观点具有实用性，并在本书中多处得到体现，除大型海洋盆地问题之外。）

我们可以去引用其他研究者的看法，他们支持前面提到的存在横跨大西洋陆桥的观点。并且，这些陆桥在今天很大程度上被肯定。至于蚯蚓分布所提供的证据，我们在后面会回到这个问题上。

最著名的是德干高原和马达加斯加岛之间生物物种间的关系问题，据称涉及沉没的利莫里亚（传说沉入印度洋海底的一块大陆）。迪纳[①]支持大洋永存说，他对这一问题作出如下表述：

根据动物地理学，干旱的大陆连接印度半岛并穿过马达加斯加岛以及非洲南部两端，这块大陆是二叠纪和第三纪的必然特征。这是因为，东印度群岛的冈瓦那动物群（原生于非洲南部）与欧洲的陆生脊椎动物一样，都源于非洲南部。进一步说，在白垩纪晚期，泰坦巨龙属以及与之有亲缘性的斑龙经由印度移居到马达加斯加岛，这一定是在莫桑比克海峡形成

---

① C·迪纳：*Grundxiige der Biostratigraphie*，莱比锡和耶拿，1925年。

前的里阿斯纪发生的。在白垩纪前期，狭窄、细长的岛屿已经完全沉入海底，包括其中间部分，在德干高原和马达加斯加岛上能发现岛屿末端的痕迹。因此诺伊迈尔（Neumayr）提到的埃塞俄比亚（Ethiopian）地中海，直到白垩纪都从属于特提斯海（古地中海），之后并入宽广、畅通的印度洋海域。迪纳认为大陆的沉降深度超过了4千米，这片区域的地壳均衡被打破。我们相信这座陆桥通过压缩后形成了亚洲高地。动物地理学上的差别印证了这一事实——在分离之前，德干高原与马达加斯加岛是相邻的。这恰恰是漂移理论的优势所在。目前，这两大地区所在纬度截然不同，而气候类型具有相似性；赤道位于两者之间，动物群和植物群具有相似的物种。漂移理论解决了这个大分离产生的有关舌羊齿植物时期的气候难题。我们将在下一章的古气候学论证中，进行详细的论述。

B·萨尼（B.Sahni）进行了更广泛的调查[1]，他用古冈瓦纳大陆上极地舌羊齿植物的分布情况，来证实漂移理论优于陆桥说。然而这个问题仍存有不确定因素，因为所发现的资料过于零碎。有论文称，在非洲南部、马达加斯加、印度和澳大利亚的确存在连接的大陆。然而，很明显，现在地球上彼此分离的各部分大陆相距甚远。以我所见，漂移理论相较于下沉说能提供一个更好的解释，这恰好是许多科学家坚信的、能在地球物理学方面站得住脚的证据。

澳大利亚的陆地动物对大陆漂移学说是很重要的。A·R·华莱士

---

[1] B·萨尼：《南部的化石植物群：对地质史上植物地理学的研究》（*The Southern Fossil Floras: a Study in the Plant-Geography of the Past*），载《第十三届印度科学大会论文集》（*Proceedings of the 13th Indian Science Congress*），1926年。

（A.R.Wallace）①把澳大利亚的动物清楚地分为三个不同的古老系统，最近赫德莱（Hedley）的研究并未推翻这个分类。最老的系统主要见于澳大利亚西南部，它同印度、斯里兰卡甚至马达加斯加以及非洲南部都有亲缘关系。喜温动物是亲缘关系的代表，据我们的图表显示，避开冻土的蚯蚓也属此类。这种关系可以追溯到澳大利亚板块和印度板块相连的时候，其关联在早侏罗纪时期断绝了。

澳大利亚第二个动物区系种属是众所周知的其特有的哺乳动物，即有袋类和单孔类，与巽他群岛的动物分化完全不同（哺乳类动物华莱士界限）。这一动物成分和南美洲的物种具有血缘关系。除了澳大利亚、马鲁古群岛和南太平洋诸岛（South Seas），有袋类动物现在主要生活在南美洲（其中一个种属叫作负鼠，也见于北美洲）：这一类动物的化石在北美洲和欧洲被发现，但没有在亚洲国家找到。甚至澳大利亚和南美洲有袋类的寄生虫也是相同的。E·布雷斯劳（E.Bresslau）②强调，在175种扁虫类中，有四分之三在两地都能见到。

他强调，吸虫类和绦虫类的地理分布和它们寄主的分布相符，但目前对其研究甚少。也有学者提供了具有重要意义的事实证据，绦虫类只见于南美洲负鼠和澳大利亚的有袋类和单孔目动物（针鼹鼠）中。关于南美

---

① A·R·华莱士：《动物的地理分布》（*Die geographische Verbreitung der Tiere*），由迈耶翻译为德文（共2卷），德累斯顿，1876年（英文版为：*The Geographical Distribution of Animals*）。

② E·布雷斯劳：《扁形动物目》（*article "Plathelminthes" in the Handwrterbuch der Naturwissenschaften*），载《自然科学手册》（Zschokke, *Zentralblatt für Bakteriologie und Parasitologie*），第7卷，第993页；也参见斯考克，《细菌学和寄生虫学集刊》（*Zentralblatt für Bakteriologie und Parasitologie*），第1卷，第36页，1904年。

洲和澳大利亚的亲缘关系,华莱士认为:"特别值得重视的是,对喜热的爬虫类来说,很难显示出两地有什么密切联系,而耐寒的两栖类和淡水鱼类则为亲缘关系提供了丰富的证据。"所有剩余的动物群也都具有相同特点。因此华莱士确信澳大利亚和南美洲之间即使存在大陆的连续性,也必然位于大陆寒冷的南端。因此陆桥被指定为南极大陆,其位于最短的路线上,那么少数人提议的南太平洋陆桥(South Pacific bridge)被多数人反对就不足为奇了。南太平洋陆桥只在墨卡托投影(Mercator's projection)的地图上似乎是最短的。因此澳大利亚第二个动物区系的种属要追溯到澳大利亚板块经由南极洲板块仍和南美洲板块连接的时候,即在下侏罗纪(当时与印度板块分离)和始新世(当时澳大利亚板块和南极洲板块分离)之间。由于现在澳大利亚的位置不再隔绝物种的交换,这些动物就逐渐侵入巽他群岛,所以华莱士不得不把哺乳类动物的界限划定在巴厘岛(Bali Island)和龙目岛(Lombok)之间,进而通过马卡萨海峡。

图6-6　有袋类物种典型代表——澳大利亚袋鼠

图6-7 单孔类物种典型代表——澳大利亚针鼹鼠

澳大利亚第三个动物区系是最近的,即从巽他群岛移居到新几内亚岛,并全面占领了澳大利亚东北部,澳大利亚野犬、啮齿类动物、蝙蝠等是第四纪后移入的。环毛蚓属因为生存能力强,从巽他群岛入侵马来半岛(Malayan peninsula)后来到中国、日本东南沿海,并移居到整个新几内亚,在澳大利亚的北端也获得稳定的立足点。以上种种证据说明,从新近地质时代以来,动、植物群进行了急速的物种交换。

这三个澳大利亚动物区系的划分与大陆漂移说极为相符。即使从纯生物学的依据上看,大陆漂移说也比陆桥沉没说更优越。南美洲和澳大利亚间的最短距离,即火地岛和塔斯马尼亚岛的距离,按照今天大的经度圈计算为80°,几乎相当于德国到日本的距离。阿根廷中部和澳大利亚中部的距离与阿根廷中部和阿拉斯加之间的距离相等,也就是等于南非到北极的距离。难道有人会相信单凭一条陆桥就可以进行物种交换吗?而澳大利亚和距离它如此近的巽他群岛之间没有种属交换，对于巽他群岛而言，澳大利亚就像是从另一个世界来的外来物一样，这难道不奇怪吗？（根据我们的假说，澳大利亚与南美洲之间曾非常靠近，而与巽他群岛之间则曾经有宽阔的大洋相隔。）我们的观点运用在地球物理学上是难以成立的，它不同于大陆下沉说的论证法。我们合理总结出了符合澳大利亚动物界的特点，这是任何人都不能否定的。实际上，澳大利亚动物群为整个大陆漂移问题的研究，在生物学领域提供了最为重要的资料。

关于新西兰早先陆桥的问题，我们似乎没有清晰的认识。我们已经提到过，大部分岛屿因为侏罗纪的褶皱而最先转化为陆地。当时，新西兰大部分仍是澳大利亚大陆浅滩的一部分，发生褶皱运动是由于其处于大陆位移的前端。在南面，新西兰与南极西部、巴塔哥尼亚相连。冯·伊赫林认为："在上白垩纪和下第三纪初，海洋动物开拓了几处畅通的'移民道路'，从智利（Chile）向巴塔哥尼亚及反方向，还包括格雷厄姆地和南极洲其他地区，甚至远达新西兰地区。"根据P·马绍尔（P.Marshall）①的观点，那时新西兰的陆生植物不是今天植物的祖先，但橡树和山毛榉可能来自巴塔哥尼亚，它们通过南极洲西部到达新西兰，和浅海动物采用相同的路线。因此，当时不可能在澳大利亚和新西兰之间出现任何直接的大陆连接带。然而，在第三纪，至少是在一定的时期内，一定存在这样连通的陆桥，使今天的植物能进行物种迁移。根据布伦德斯塔特（Bröndsted）②对海绵动

---

① P·马绍尔：《新西兰》（New Zealand），《区域地理学手册》（Handbuch der regionalen Geologie），第7卷，第1期，1911年。
② 布伦德斯塔特：《新西兰的海绵动物》（Sponges from New Zealand），1914—1916年莫特森博士的太平洋考察论文集，载《丹麦格陵兰学报》（Videnskabelige Meddelelser fra Dansk Naturhistoriske Foren），第77卷，第435—483页；第81卷，第295—331页。

物的调查，这些岛屿至少以前存在与澳大利亚相连的一片古老浅滩。

E·梅里克有关小鳞翅目的著作①对于新西兰大陆连接问题具有重要意义。除了上面所讨论的，他证实了非洲和南美洲之间有趣的关系，他还发现新西兰完全缺乏的，而在南美和澳大利亚出现的代表许多物种的Machimia属。Crambus属出现在新西兰（有40个当地种），在南美以多种形式发展，而在澳大利亚只发现两类。换句话说，第一种情况说明，南美和澳大利亚之间存在陆间联系，而新西兰与两者相隔绝；而第二种情况说明，新西兰和南美洲有连接的关系，而澳大利亚几乎被排除在外。

上面列举的事实显示出两条独立的从南美出发的迁徙路线：一条通向新西兰，可能经过南极洲西部、东部；另一条通往澳大利亚，可能经过南极洲东部。虽然就位置来说，新西兰更接近澳大利亚，但两者真正的连接却是短期的。由于我们对于南极洲缺乏清楚的认识，想要清楚地解释出这些过程是十分困难的。

鉴于目前的认知，我们认为太平洋海盆一定是从古地质时期就已经存在的，虽然有一些研究者作出相反的假设。豪格认为这些岛屿仍然是下沉的巨大陆块的残留物；阿尔德特认为南美和澳大利亚之间的关系应解释为与纬线平行横跨太平洋的陆桥，而且在地球仪上能看到。冯·伊赫林也假设太平洋大陆的存在，但其推理不能令人信服，H·西姆罗斯（H.Simroth）②等人也都证实过这个假设。

---

① E·梅里克：《魏格纳假说和小鳞翅目昆虫的分布》（*Wegener's Hypothesis and the Distribution of Micro-Lepidoptera*），载《自然杂志》（*Nature*），第125卷，第834—835页。
② H·西姆罗斯：《南半球大陆的早期连接问题》（*Über das Problem früheren Landzusammenhangs auf der südlichen Erdhälfte*），载《地理杂志》（*Geographische Zeitschrift*），第665—676页，1901年。

布克哈特（Burckhardt）也相信南太平洋大陆从南美洲西海岸向西扩展。然而，他的理由只是一项地质观察。但这个假设被西姆罗斯、安德雷①、迪纳、泽格尔和其他人所否定，其中包括为数不多的陆桥信奉者之一的阿尔德特②。我们假定的太平洋在石炭纪时期以来的永存说，符合大多数观察者的想法。

从生物学的角度出发，有明显的证据证明太平洋比大西洋更古老。冯·乌必西写道："在太平洋，我们发现许多古老的物种，如鹦鹉螺、三角蛤和海狮科。"这些物种在大西洋是找不到的。科洛西强调，大西洋动物群与红海的相同，最明显的特点是，它只显示与相邻地区的亲缘关系，而太平洋的特征则是显示它与很远的地区存在分散的亲缘关系。太平洋地区显示的是远古时代定居物种的特征，大西洋则表现的是近期定居者的特征。

图6-8　鹦鹉螺

鹦鹉螺，1825年由布兰维尔（Blainville）命名。鹦鹉螺属于海洋软体动物，共有七种，仅存于印度洋和太平洋海区。鹦鹉螺已经在地球上经历了数亿年的演变，但外形、习性等变化很小，被称作海洋中的"活化石"，在研究生物进化和古生物学等方面有很高的价值

---

① K·安德雷：《海陆永存问题》（*Das Problemder Permanenz der Ozeane und Kontinente*），载《彼得曼文摘》（*Petermanns Mitteilungen*），第63期，第348页，1917年。
② T·阿尔德特：《对海陆永存的探讨》（*Die Frage der Permanenz der Kontinente und Ozeane*），载《地理消息》（*Geographischer Anzeiger*），第19期，第2—12页，1918年。

N·斯韦德琉斯（N.Svedelius）[①]在一项有关热带和亚热带海洋藻类不连续地理分布的调查中发现："值得注意的是，我的调查显示，藻类中大多数较古老的属明显地分布在印度—太平洋区，后迁移到大西洋。只有一两种特殊情况下，会进行反向迁移。因此，大西洋的藻类应该比印度—太平洋地区的出现得更晚。这与魏格纳的理论不冲突，即大西洋远年轻于印度—太平洋。"然而这些调查资料不足以证明漂移理论的有效性。

漂移理论认为，太平洋群岛和洋底是与大陆块分离的边缘地带，地幔之上的地壳通常进行东向渐慢而西向为主的运动。不考虑细节，最初岛屿应该位于太平洋上亚洲一侧，在我们所考察的地质时期中，它们一定比现在的位置更接近亚洲。

生物现象似乎验证了这一想法。根据A·格瑞塞巴赫（A.Griesebach）[②]和O·德吕德（O.Drude）[③]的调查，夏威夷群岛与当今的气流与洋流区域拥有最相近的植物群，而不是古大陆时期，也不是北美地区——它们最近的邻居。斯科茨贝里（Skottsberg）强调，胡安·费尔南德斯岛（Juan Fernández）和最近的智利海岸几乎没有植物亲缘关系，但和火地岛、南极洲、新西兰和其他太平洋岛屿存在这种关系。此处应该强调岛上的生物现

[①] N·斯韦德琉斯：《热带和亚热带区藻类的分布情况》（*On the Discontinuous Geographical Distribution of Some Tropical and Subtropical Marine Algae*），载《瑞典皇家科学院植物学档案》（*Arkiv för Botanik of the Kungliga Svenska Vetenkapsakademien*），第19卷，第3期，1924年。

[②] A·格瑞塞巴赫：《气候影响下的世界植物》（*Die Vegetation der Erde nach ihrer klimatischen Anordnung*）、《比较植物地理学简编》（*Ein Abriss der vergleichenden Geographie der Pflanzen*），共2卷，第1卷第528页，第2卷第632页，莱比锡，1872年。

[③] O·德吕德：《植物地理学手册》（*Handbuch der Pflanzengeographie*），第487页，斯图加特，1890年。

象通常比大陆的生物现象更难以理解。

总之，仍要提到最近的一些著作，特别是参考漂移理论的著作。1922年，伊姆舍尔（Irmscher）开始着手进行最大范围的有关植物分布和大陆演进的调查，他一直追溯到白垩纪时代，其完整性是如今许多著作达不到的，如运用大量的地图进行说明。我们不能在这里对这个材料丰富的著作作过多的讨论。（冯·伊赫林不同意伊姆舍尔的观点，因为伊姆舍尔提出的在南美和大西洋发现的系列植物化石的日期，不同于第一次在此发现这些植物化石的调查者提出的日期。首先，伊姆舍尔的观念并不像冯·伊赫林认为的那样，构成一个先入为主的主观表达，而是基于已有的经验知识。除此之外，经过修订的日期与最初的日期几乎没有任何差别。因此，最好将其视为是对最初日期更准确的描述，而不是改正。同时，W·柯本、A·魏格纳①表示，在大多数情况下，最初的日期甚至更符合漂移理论和由其推导出的地极位移说。）本书结论列举如下：调查结果验证了我们的结论，以下三组紧密相连的因素产生了当今开花植物的分布模式。

（1）地极位移是形成植物、动物迁移交流的原因。

（2）大陆块大规模漂移，导致大陆整体结构发生变化。

（3）植物种属积极扩散并演化发展。

伊姆舍尔有意首先提到地极位移，其次是大陆漂移，因为所考察的这段时期大陆从白垩纪开始延伸。根据植物的分布现象来看，越接近现在，世界大陆的结构和今天的关系越发密切，大陆漂移也越少。因此，第三纪

---

① W·柯本、A·魏格纳：《古地质时代的气候》（*Die Klimate der geologischen Vorzeit*），共256页，柏林，1924年。

和第四纪最值得关注的现象就是植物的分布。最重要的是它证实了大陆漂移理论，尽管漂移说处于次要性。伊姆舍尔说："我们发现的许多大陆永存说的证据不能充分解释植物的分布。然而，在运用魏格纳的漂移理论时，证明了区域结构的特性和植物分布，与魏格纳假定的大陆的命运是相同的。

"大陆永存说不能解释澳大利亚植物群之谜，而现在的第一个发现就完美解决了这个问题。魏格纳关于大陆在中生代位移的假说，是唯一能解答这个难以理解的事实的关键原理，即澳大利亚的特殊热带物种与亚洲的物种不存在密切的亲缘关系。就现在的地理位置来说，恰好符合亲缘关系的需求，特别是此处未受到地极位移的不良影响。假定的澳大利亚的早期位置，也解答了古老的植物群怎样保留于此直至今日也不受到干扰，物种的多样性如何得以保留并如何进行繁衍发展的等问题。实际上，澳大利亚先与南极洲分离，后向北漂移，造成澳大利亚大陆与外界彻底的隔离。我们能发现，澳大利亚的植物种群和动物种群具有同样的模式……在我们的调查过程中，认为不必去假定一个先前存在的太平洋大陆。"

可以看到，伊姆舍尔选择的论证道路是正确的。他没有将漂移理论与在地球物理学上完全站不住脚的大陆下沉的陆桥说进行比较，而是选择永存说。但他也考虑到了大陆下沉说，不过从植物学角度抛弃了这个观点。

伊姆舍尔说："上述的北美威尔考克斯植物化石，发现于美国东南部地区，即得克萨斯州（Texas）—佛罗里达州（Florida）。根据贝瑞的著作，在始新世时期，英格兰南部的阿勒姆湾植物区系与之亲缘关系最为密切。如果我们现在根据魏格纳在始新世假定的两极位置画出环绕全球的赤道线，那么在欧洲这条线大致经过地中海地区，英格兰将刚好距离赤道

15°；在亚洲，这条线会通过印度或其附近地区。如果我们假设大陆目前的位置是永久不变的，那么对美国来说，赤道将穿过哥伦比亚和厄瓜多尔（Ecuador），与北美威尔考克斯植物区的距离超过30°。两种植物区几乎处于同一纬度，这造成陆桥假说解释的困难，它们需要相同的气候，因为威尔考克斯植物分布在比英国南部更北的地区。如果我们依照魏格纳的想法，把美国放在欧洲或是非洲，两种条件就都能满足，不仅两个植物区在同一纬度，同时和它们类似的气候条件的要求也满足。在此，我们有一个例子，只能用漂移理论去解释，尽管陆桥说确实能解释现在分离大陆存在的相似植物群，但不能提供相似的气候证据，而永存说也不能完全解决这个问题。"

伊姆舍尔在文中说："我们所做的对两处植物区系的证明，同样适用于多种出现在热带的植物种属。只有美国在移动到区域2时（欧洲和非洲）才能在同一纬线圈上得到复原的区域。根据现在的大陆结构，赤道距离区域1（美洲）过于偏南。我们已经提出这个问题并找到方法解决，即通过移动美洲大陆板块。这是首次从生物地理学角度证明漂移说优于陆桥说。"

伊姆舍尔最后考虑的那些问题引导我们去进行古气候学研究，我们会在下一章进行详述。伊姆舍尔这部重要著作的延续，是W·斯图特（W.Studt）的论文，即松柏类现在和以前的分布及它们的区域形态历史[①]；F·科赫之前也写过同类的文章[②]。虽然两人在一些关于植物学的问

---

① W·斯图特：《今天和历史上的针叶林传播》（*Die heutige und frühere Verbreitung der Koniferen und die Geschichte ihrer Arealgestaltung*），汉堡，1926年。
② F·科赫：《地质理论中关于针叶树化石的迁移》（*Über die rezente und fossile Verbreitung der Koniferen im Lichte neuerer geologischer Theorien*），德意志Dendrologischen协会发布（Mitteilungen der Deutschen Dendrologischen Gesellschaft），第34期，1924年。

题上意见相悖，但是就大陆漂移问题，则得出一致的结果。科赫认为："现代的松柏分布和松柏类化石产地完全符合地极位移及大陆漂移论，并且只有通过它们才能作出合理解释。"他继续说："我们现在明白，为什么与之有亲缘关系的南洋杉出现在两块被广阔的大洋分隔开的不同大洲，为什么罗汉松种不仅生长在新西兰、澳大利亚和塔斯马尼亚，而且也生长在非洲南部、巴西南部和智利。"

同样，斯图特认为："现代松柏和其古代化石的分布可以由大陆漂移说进行最简单且不相矛盾的解释。北美和欧洲的白垩纪植物具有密切亲缘关系，这就要求两块大陆之间有连接带和缩减的分离状态。同样，侏罗纪植物群是善于传播本属的物种，尽管其传播可能性被限制，但彼此分离开的各个地域均有发现。只有漂移理论符合大陆连接和接近的要求。"斯图特提到，根据漂移理论的假设，相比较大陆的早期位置和现在的位置，松柏类的区域分布与气候带的情况更加符合。

W·米夏埃尔森（W.Michaelsen）关于蚯蚓的地理分布的著作[①]，是对漂移理论的很好的验证。因为蚯蚓不能忍受海水或是冻土低温，（除人为因素以外）所以很难进行迁移。

米夏埃尔森指出，自己在运用永存说解释蚯蚓的分布时遇到困难，而漂移说以出人意料的方式完成了这一解释。他说："我在上文已进行详细阐述，说明了许多相互关系，即那些关于五大陆生的和三个淡水生的蚯蚓

---

① W·米夏埃尔森：*Die Verbreitung der Oligochäten im Lichte der Wegenerschen Theorie der Kontinentenverschiebung und andere Fragen zur Stammesgeschichte und Verbreitung dieser Tiergruppe*，载*Verhandlungen des Naturwissenschaftlichen Vereins zu Hamburg im*，汉堡，1921年。

第六章　古生物学和生物学的争论

类型通过什么方式横跨大西洋，还有规律性的、近似平行的关系，都证明其相关的跨洋联系。魏格纳的理论立即解释了这些关联。假如有人设想，脱离欧洲和非洲向西漂流的美洲大陆恢复原来所在的位置，并且靠近欧洲—非洲复合体，那么大西洋两边分离的部分多数情况下会形成一个统一的地区。而结果就会成为极其简单的分布格局……"北大西洋的跨洋关系与近期的生物种群有关联，而南大西洋则跟古老种群有亲缘关系；这也符合假定的事实，即大西洋从南向北开放。

在讨论过澳大利亚、新西兰和印度的复杂关系后，米夏埃尔森继续写到："魏格纳的漂移理论为印度寡毛纲动物群的多种跨洋关系提供了极为简单的解释。根据魏格纳对石炭纪时期大陆近似结构的一幅草图来推测，最先得到的是，印度最前端（在喜马拉雅褶皱之前）抵达马达加斯加岛；印度以西的部分，即今天与八毛蚓同进化系列的栖息地迈索尔（Mysore），直接加入马达加斯加岛的地区，即八毛蚓同进化系列的第二栖息地。我们也能发现，澳大利亚—新西兰—新几内亚大陆的南面和南极洲相连，向北，即新几内亚岛北端与前印度洋和东南亚半岛之间连接马来西亚的板块相通（后孟加拉湾）。假定在早期地质时期，澳大利亚板块位于澳大利亚西部和印度的东部边缘，这将形成单个和连续的传播线，一条是从印度南部通过斯里兰卡最后到西澳大利亚最南端（巨蚓属），另一条从印度北部穿过新几内亚到新西兰（八毛蚓），或到昆士兰（Queensland）北部、新西兰和澳大利亚东南部（外周蚓）。"应当指出，新几内亚岛是这条北方传播路线的真正成员。在澳大利亚与南极洲分离后，新几内亚岛被迫向东北移动，再回到其西北部的前端，被推至马来大陆中……由于受到此灾难性事件的影响，新几内亚岛和马来大陆联系最密切的地区

（Megascolecida）遍布传播能力最强的环毛属（Pheretima），并在马来大陆占据主导地位；这类蚯蚓属淘汰了新几内亚岛当地较古老的寡毛纲动物群（Octochaetus、Perionyx等）。因此，新几内亚岛的分离导致印度北部与新西兰的传播路线之间的间距加大，但此宽度不足以解释早先的大陆直接连通问题。到环毛蚯蚓发生灾难时，新西兰必定已经从新几内亚分离，澳大利亚大陆也不能保留与新几内亚的连接带。而据分析，一定出现了一片狭窄的浅海隔断了两块大陆；因为最多只存在单一种类的环毛蚯蚓（昆士兰以北特有）能够抵达澳大利亚大陆。进一步来看，至少被浅滩所分隔开的新西兰和澳大利亚一定在很早时期就已完成，因为新西兰显示的与澳大利亚的关联性很微弱……大概是因为新西兰的中间部分最先从澳大利亚板块中以弧形形状分离，其南部和塔斯马尼亚仍存在联系，北部则和新几内亚也保持关联。之后，新西兰南部末端和塔斯马尼亚分离，北部末端从新几内亚脱离……长期可能为峡状的土地连接带，或许在昆士兰南部和新西兰北岛，通过新喀里多尼亚（New Caledonia）和福诺克岛，能给巨蚓属提供迁移的条件。我不能接受通过新几内亚的路线，因为，巨蚓是属于典型的澳大利亚南部的属。

米夏埃尔森总结说："我认为我对寡毛类的分布的调查结果没有和魏格纳的漂移理论相矛盾。相反，应该把我的论证作为对大陆漂移的有力证明；如果从其他方面能获得该理论的最终证明，那么可以就某些细节问题去充实这个理论。

第六章　古生物学和生物学的争论

图6-9　三叶虫化石

三叶虫，拉丁文学名trilobite，属节肢动物门，已经灭绝。它们最早出现于寒武纪，在古生代早期达到顶峰，此后逐渐减少至灭绝

"最后还要补充说明的是，魏格纳是在我向他提供了寡毛类蚯蚓的分布情况后，才在他关于漂移理论的修订版著作中加入相关的事实证据，以证明自己的理论。之所以这么说，是因为在我看来，寡毛类的分布更有助于增强其理论的说服力。"

图6-10 寒武纪奇虾（Anomalocaris）

寒武纪奇虾，已灭绝的大型无脊椎动物，在中国、美国、加拿大、波兰及澳大利亚的寒武纪沉积岩中均发现其化石。据推测，此类动物极有可能是活跃的肉食性动物

第六章 古生物学和生物学的争论

图6-11 2.5亿年前南极树木化石

图6-12 珊瑚礁

珊瑚礁是珊瑚虫群体或骨骼化石,名字来自古波斯语 sanga(石)。珊瑚虫是一种海生圆筒状腔肠动物,食物从口进入,食物残渣从口排出,它以捕食海洋里细小的浮游生物为食,在生长过程中能吸收海水中的钙和二氧化碳,然后分泌出石灰石,变为自己生存的外壳

169

图6-13 海牛

　　海牛，海洋哺乳动物，形状略像鲸，前肢像鳍，后肢已退化，尾巴圆形，全身光滑无毛，皮厚，灰黑色，有很深的皱纹。以海藻或其他水生植物为食

第七章　古气候学的争论

这一章的主要任务是解决地质学中的气候问题。大陆漂移仅仅是众多气候变化的一个成因，对于较近的时期，甚至不是最重要的因素。我们唯一要处理的问题是，早期气候资料能为漂移理论的有效性提供多少证明条件；在此我们只引用所需的气候变化的化石证据。实际上，我们几乎排除了第四纪发生的冰川作用，因为在这一时期，各大陆相应的位置和今天的类似，所以，论证漂移理论的古气象学证据是很少的。

而古老的地质时期有最显著的证据证实漂移理论，且支持漂移理论的著者不在少数。

为形成正确的观点，需要两个必要条件：一是了解当今气候系统以及气候对有机和无机世界的影响；二是了解有关气候的化石证据以及对它的正确解释。对这两个问题的研究尚处于起步阶段，今天仍存留许多悬而未决的问题，因此要更加重视目前已取得的研究成果。

作为补充，根据V·帕欣格（V.Paschinger）[①]和W·柯本[②]的研究，我们在图7-1中给出不同纬度的雪线高度。雪线在副热带无风带达到5千米以上的最大高度，在广大高山地区雪线的位置更高。这幅图适用于单独的山脉或是群山。

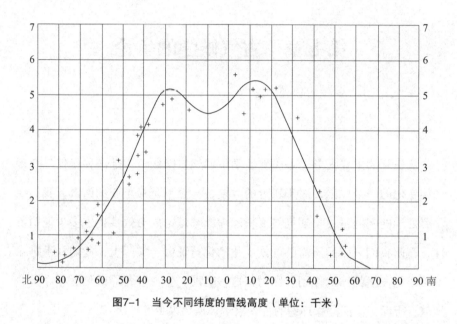

图7-1　当今不同纬度的雪线高度（单位：千米）

气候系统对地质和生物的影响是极其广泛的。我们将结合目前可利用的气候化石证据讨论这些影响。

或许最重要的气候证据是前内陆冰盖留下的踪迹。内陆冰形成的必要条件是夏季低温，而大陆中心地带年温度变化大，并不具备这种条件。

[①] V·帕欣格：《不同气候的雪线》（*Die Schneegrenze in verschiedenen Klimaten*），载《彼得曼文摘》（*Petermanns Mitteilungen*），增刊第173期，1912年。

[②] W·柯本：《树木界限与气温》（*Die Lufttemperatur an der Schneegrenze*），载《彼得曼文摘》（*Petermanns Mitteilungen*）（期刊年限不明）。

极地气候并不一定是由内陆冰留下的踪迹所检测出来的，但如果能找到这种踪迹，则一定是极地气候存在的证明。极地最常见的是冰砾泥，这个名称恰如其分地表达出其为最优质和最粗糙的物质的混合，最具代表性的是冰碛石。早期冰砾泥通常凝固成岩石，即冰碛岩。我们可以描述出阿尔冈纪、寒武纪、泥盆纪、石炭纪、二叠纪、中新世、上新世和第四纪时期的这类岩石。不巧的是，这些前内陆冰盖最常见的形态有时难以和其他"假冰川"、由普通岩屑堆积形成的砾岩相区别。这类假冰川砾岩，尽管存在岩石磨光处，表面也有划痕，岩石平面有"假装"的纹路，但实际上是与邻石摩擦而成的擦痕面。通常来说，人们认为，只有在基碛冰砾泥下探测到露出的岩石的光滑表面，才能证实岩石的性质。

另一个重要的气候证据是煤的形成，人们认为这一现象发生在化石的泥炭层。一片流域要转变为泥炭层，必须保证流域内的水是淡水，因此这个过程只能发生在地球上的雨带，而非干旱区。因此煤的形成是在湿润气候区，可能是赤道雨带、温带或是在大陆东部的季风区的亚热带湿润性气候区。今天，在赤道地区，还有潮湿亚热带和温带，许多沼泽地有泥炭形成。在第四纪和晚第四纪，北欧存在目前发现的最早的泥炭沼泽。因此，单单从煤层的存在我们不能推测出任何关于温度变化的线索，但可以从煤层中和附近河床处发现的植物群的遗迹中获得。一个小的关键点（然而不应被高估）就是，在其他条件相同的情况下，煤层的厚度与植物生长速度相关，茂盛的持续生长的热带植物能产生比温带生长缓慢的植物更深厚的泥炭层。

有关气候类型的一组极其重要的证据是干旱区的产物，特别是岩盐、石膏和沙漠砂岩。岩盐是由海水蒸发而成的。在多数情况下，这是因为海水入侵（海进），陆地由于板块运动全部或部分与外海隔离。在雨季，这些海进日益淡化稀释，例如，在波罗的海。然而，在旱季，海水蒸发量大于降水量，如果海进完全被切断，这一区域因不断干燥而缩小，岩盐溶液含量增多，最后就会形成岩盐沉淀。在这个过程中，石膏最先沉积，然后是岩盐，最后是易溶的钾肥岩。石膏沉积所占的面积最大，我们能发现散布于其中的岩盐岩层和在一定范围内出现的少见的钾肥岩。在被以前的沙漠变成硬砂岩的移动沙丘所覆盖的地方，很少有动植物有机体生活。这些证明干旱气候的证据不如石膏和岩盐来得可靠，因为沙滩和沙丘也能在潮湿的气候条件下形成，例如，现在的德国北部；还有的发生在内陆冰边界前，例如，冰岛的冰水沉积平原（Sandur）。在温度条件方面，这些砂岩的颜色提供了一种不是很有说服力的证据：在热带和亚热带，沙土颜色呈现红色；在温带和高纬度寒带，则是黄色和褐色；在热带地区海岸、沙滩呈现白色。

至于海洋沉积物，处于厚石灰层，只能位于温暖的热带和亚热带海域。尽管细菌活动发挥了一定的作用，但海洋沉积物在热带和亚热带的原因很可能是：极地寒冷的水域能溶解大量的石灰，因此是不饱和的；而温暖的热带水域能溶解的石灰有限，属于饱和或超饱和状态（参考锅炉水垢或水壶上的水垢）。显然，与此相关的热带生物还有珊瑚和钙质藻类、贻贝和蜗牛。在极地气候中，沉积形成大量石灰岩床通常是不可能的，因为在低温的深海中，石灰岩会从海洋沉积物中消失。

除关于气候的非生物证据外，我们还有关于动、植物方面的生物证据。当然，这方面的证据要更加谨慎，因为生物体对气候有很强的适应能力。因此，仅凭一种发现，是无法获得结论的。但如果我们放眼于某一时

第七章 古气候学的争论

期动物和植物的整体地理分布，就能够得到实用的结论。通过对世界各地同期的植物种群的比较，我们能够得到确定性结论；如哪一部分生活在温暖的气候区，哪一部分生活在较寒冷的地方。我们推测的气候绝对值属于较为年轻的地质层，因为近期的地质层中的植物和今天的大致相同，对于较古老的植物，其绝对温度很难确定。树木年轮缺失是热带气候的迹象，而温带的树木年轮能被明显观察到。尽管如此，这一规律的例外现象也并不罕见。在树木高大的地方，我们可以推测出，在史前时期，最热月份的温度超过10℃。

动物界也提供了许多气候证据。爬行动物不能产生足够的热量以保持体温，在冬季难以抵御严寒。因此这类爬行动物只有足够小到能够依靠躲藏来抵御严寒时，才能生活在这样寒冷的气候下，比如蜥蜴、草蛇。此外，如果该区域（如极地地区）没有夏季般的高温，爬行类动物的卵将不会在日照下孵化出来，所以它们通常无法生存下来。因此，能得出的结论是，热带或至少是亚热带地区是爬行类动物发展繁衍的繁盛地带。食草动物能提供的证据是植被和降雨量方面的。如马、羚羊、鸵鸟是跑步高手，表明它们所在地是草原气候，因此它们的躯体结构顺应了大型广阔开放的空间。而猴子和树懒是攀爬高手，因此居住在森林中。

在此讨论所有气候证据的细节是不可能的；然而，上文的讨论应该能大致描绘出人们是如何得到有关史前气候结论的。

与气候有关的化石证据显示，史前时期地球大部分地区的气候和今天的截然不同。正如我们所知道的，亚热带、热带气候贯穿了欧洲的大部分历史时期。最晚到第三纪伊始，欧洲中部还是赤道雨林气候；随后，在第三纪中期，伴随大型岩盐类沉积的形成，干旱型气候开始形成；到第三纪

图7-2 马达加斯加岛的珍稀野生物种节尾狐猴

节尾狐猴又称环尾狐猴,原始灵长类动物,吻长、两眼侧向似狐,因尾具环节斑纹而得名。多5～20成群,栖多石少树的干燥地区。善跳跃攀爬,是地栖性较强的狐猴,主食昆虫、水果。

图7-3 树懒

树懒(Folivora),哺乳纲披毛目下树懒亚目动物的通称,共有2科2属6种,形状略似猴,动作迟缓,常用爪倒挂在树枝上数小时不移动,故称之为树懒。树懒是唯一一身上长有植物的野生动物,它虽然有脚但是却不能走路,靠前肢拖动身体前行。主要分布于南美洲

末，气候大体与今天的相同；之后伴随第四纪的冰川作用，欧洲北部形成极地气候。

气候变化极其显著的例子是在北极地区，其中以斯匹次卑尔根岛最为著名。这一地区和欧洲之间存在一片浅海，是欧亚大陆的一个组成部分。如今斯匹次卑尔根属于极地气候，并有内陆冰覆盖，但在第三纪早期（当时中欧位于赤道雨带区）这里有茂密的森林，并且存在比今天在中欧还要丰富的物种。不仅有松树、冷杉和紫杉，还有酸橙树、山毛榉、杨树、榆树、橡木、枫木、常春藤、黑刺李、榛树、英国夏花山楂（树）、绣球花，甚至还有喜好在较暖地方生长的睡莲、胡桃木、落羽杉、巨杉、梧桐树、板栗、银杏、木兰以及葡萄树。这样看来，第三纪早期，斯匹次卑尔根的气候一定与今天的法国气候相仿，这意味着当时的年平均气温大约要比现在该地的气温高20℃。如果我们退回到更久远的地质历史时期，还能找到更多处于暖温带的证据：在侏罗纪和早白垩世，斯匹次卑尔根有西米棕榈（现在发现于热带）、银杏（今发现于中国和日本南部的唯一物种）、树蕨类等植物。此外，远在石炭纪的地层中，我们不仅发现了厚厚的石膏层（说明此处处于亚热带，气候干燥），而且发现此处的植物也具有亚热带的属性。欧洲经历了从热带转变为温带的巨大气候变化，而斯匹次卑尔根经历了由亚热带到极地气候的转变，这一变化使人联想到，两极和赤道位置的变化导致整个区域气候系统的改变。在同一时期的南非（位于相对欧洲以南的南纬80°，斯匹次卑尔根以南的南纬110°）经历了巨大而完全相反的气候变化的例子即可证实这种想法的正确性。在石炭纪时期，南非为冰川所覆盖，属于极地气候，而今日则位于亚热带气候区。

图7-4 极地气候景观(南极)

第七章 古气候学的争论

图7-5 极地气候景观（北极）

图片7-6 热带雨林气候景观

图7-7 温带大陆性气候景观

图7-8 热带草原气候景观

图7-9 热带沙漠气候景观

第七章 古气候学的争论

这些已经完全被证实的事实只承认地极位移这一种解释。我们还可以通过一个测试进行验证：如果通过斯匹次卑尔根和南非的经线发生最显著的气候变化，那么东经90°和西经90°的两条经线，在同时期的气候变化一定是零或是十分微不足道的。实际上也是如此，至少从第三纪以来，在非洲以东90°的巽他群岛一直是像今天一样的热带气候，这表现在所存留的许多古老的植物和动物上，如西米椰子和貘。当时南美北部所在位置和今天一致，如貘以及其他物种至今还生存在这里，但在北美、欧洲和亚洲则只找到了化石，在非洲甚至连化石也找不到。当然，恒定性气候在南美洲北部远不如巽他群岛更完整，我们将在后面发现，这是大陆漂移的结果。南美洲曾经不在斯匹次卑尔根—南非的西经90°经线上，而在距离很近的位置。

不足为奇的是，那些试图探寻古气候变化的学者，早就已经反复参考了地极位移的理论。赫尔德（Herder）在他的《人类历史哲学的概念》中提到运用地极位移来解释古气候，之后，这一理论获得了许多学者不同程度的支持，如J·W·伊凡斯（1876）、泰勒（1885）、勒费尔霍茨·冯·科尔堡（1886）、奥尔德姆（Oldham）（1886）、诺伊迈尔（1887）、纳特霍斯特（1888）、汉森（Hansen）（1890）、森珀（1896）、戴维斯（Davis）（1896）、P·雷毕希（P.Reibisch）（1901）、克莱希高尔（1902）、戈尔菲耶尔（Golfier）（1903）、西姆罗斯（1907）、J·沃尔瑟（J.Walther）（1908）、横山（Yokoyama）（1911）、达凯（1915）、凯瑟（1918）、埃卡特（Eckardt）（1921）、考斯马特（1921）、斯蒂芬·理查兹（Stephan Richarz）（1926）等。

T·阿尔德特①等开始在著述中探讨,之后支持地极位移学说的学者数像滚雪球一样增长。

以前,这一理论仅被地质学家反对,直到诺伊梅尔和纳特霍斯特的著作问世。随着关于地极位移的著作出版,支持这一理论的地质学家数量缓慢增长,普遍反对该理论的情况慢慢发生了改变。如今,具有压倒性数量优势的地质学家都支持E·凯瑟的《地质教科书》中的观点,也就是第三纪发生的巨大地极位移是难以避免的,尽管一些反对者仍拒绝接受这一令人难以理解的观点。

然而,不可否认的是,在整个地质时期,确定两极和赤道的位置的尝试是混乱的。尝试成体系地论证地极位置主要是其他领域的专家努力的成果,但这种论证从未获得认可。许多著者都对此做过努力,如勒费尔霍茨·冯·科尔堡、P·雷毕希②和H·斯姆罗斯③、克莱希高尔和E·雅克比提(E.Jacobitti)④。可惜的是,雷毕希把这种移动看作只在两极附近小范围内发生的周期摆动,虽然从白垩纪岩层以上的岩层来看是正确的,但是不符合陀螺自旋的物理定律。无论如何,这种说法没有足够的证据,并且

---

① T·阿尔德特:《古代特别是冰川时期的气候变化原因》(*Die Ursachen der Klimaschwankungen der Vorzeit, besonders der Eiszeiten*),载《冰川学杂志》(*Zeitschrift für Gletscherkunde*),第11卷,1918年。
② P·雷毕希:《地球的主要形状》(*Ein Gestaltungsprinzip der Erde*),载《德累斯顿地学协会年报》(*Jahresbericht des Vereins für Erdkunde zu Dresden*),第27卷,第105—124页,1901年;第二部分(包括不重要的增补问题),载《德累斯顿地学协会文摘》(*Mitteilungen des Vereins für Erdkunde zu Dresden*),第1卷,第39—53页,1901年;第三部分,《冰川时期》(*Die Eiszeiten*),同上杂志,第6卷,第58—75页,1907年。
③ H·斯姆罗斯:《摆动论》(*Die Pendulationstheorie*),莱比锡,1907年。
④ E·雅可比提:《地轴移动的地质研究》(*Mobilità dell'Asse Terrestre, Studio Geologico*),都灵,1912年。

和观察到的事实相矛盾。斯姆罗斯搜集了大量生物学资料以证明地极摆动说,其中包含了可以作为地极位移的良好证据,但并不能证实想象中地极来回摆动的严格规律。显然,更正确的做法是运用归纳法,即单纯从气候的化石证据推导两极的位置,不对这个问题持有任何先入为主的想法。克莱希高尔就采用了这个方法,他的书清晰、详尽、明确、重视真实的气候证据,但是却陷入对山脉排列不成熟的教条之中。对于较新的时代,上述所有关于W·柯本和我的讨论都得到几乎相同的结论:北极的位置在第三纪初位于阿留申群岛(Aleutians)附近,之后向格陵兰岛方向移动,第四纪时到达格陵兰岛。(最近冯·伊赫林用一种不同的方式,重新证明了第四纪早期极点的位置,即运用来自南美的大量生物证据推断出来;W·柯本对此作了参考①。显然,冯·伊赫林自己更愿意通过洋流模式的改变解释这些论据,以推测出现在极点的位置。但我不能接受这种观点。不过,我们不能在此详细讨论这个问题,因为这个问题超出了本书的研究范围。)就这几个时期来看,并没有很大的差异。但在白垩纪之前的时代,不但许多著名学者的见解存在分歧,而且他们先前假定的大陆位置的不变性,使问题陷入无望的矛盾中。在这种假定下,所有可想到的两极位置都无法成立。

如果有人从大陆漂移理论出发,即依据漂移理论在图表上绘制出相关时期的气候化石证据,这些矛盾就会消失。根据气候证据形成的气候区域模式就是我们今天所熟悉的气候带,有两个干旱带,干旱带之间是一个沿

---

① W·柯本:《第三纪和第四纪时期的巴塔哥尼亚的气候》(*Das Klima Patagoniens im Tertiär und Quartär*),载《地球物理学报》(*Berlands Beiträge zur Geophysik*),第17卷,第3期,第391—394页,1927年。

着纬线环绕地球的潮湿带，这些证明了此处属于热带炎热的气候。除这些区域之外，每个半球都存在两个湿润区，此处发现了极地气候的证据：从湿润带中心到90°纬圈，最接近潮湿带纬度；从湿润带中心到60°纬圈，最接近干旱带的纬度。

我们现在把石炭纪作为最古老的时期，这是根据已提出的大陆漂移学说所绘制出的地图而定的。我们曾经遇到最难的问题是关于古气候学的，也就是有关石炭—二叠纪冰川作用的证据。

今天的南半球大陆（包括德干高原）在石炭纪末二叠纪初为全部冰川所覆盖，但除德干高原外，这一时期的北半球大陆没有为冰川所覆盖。

在南非，学者已经完成对这些内陆冰的痕迹最准确的研究。1898年，G·A·F·莫伦格拉夫在旧洋底首次发现光滑的冰层岩基，消除了关于冰碛石属于"德韦卡冰碛岩"性质的长期疑问[①]，随后的调研给我们详细描绘出冰川作用的视图，其中重点强调了A·杜·托伊特[②]的调查结果。我们能在许多地方从光滑岩体的划痕中看到冰川运动的方向，从中可以确定一系列冰川作用的中心和向外的作用力；中心主体运动的细微时间差，说明最大冰层厚度由（今天）西部转向东部。从南非第33条向南的平行线看，冰砾泥散布在海洋沉积物中，似乎是冰川作用的延续物。对这种现象的唯一解释是，内陆冰作为漂浮的屏障在此处终止运动，就像是今天由冰碛覆

---

① G·A·F·莫伦格拉夫：《德韦卡冰碛岩成因》（*The Glacial Origin of the Dwyka Conglomerate*），载《南非地质学会汇刊》（*Transactions of the Geological Society of South Africa*），第4卷，第103—115页，1898年。
② A·杜·托伊特：《南非的石炭纪冰期》（*The Carboniferous Glaciation of South Africa*），载《南非地质学会汇刊》（*Transactions of the Geological Society of South Africa*），第24卷，第188—227页，1921年。

盖的底边出现融化迹象的南极大陆位于早期海洋沉积物上,属于冰川的自然延续部分。因此雪线也必须与海平面等齐。南非冰层覆盖范围之大,几乎相当于如今的格陵兰岛,这代表我们在讨论一个真正的内陆冰盖,而不仅仅是山地冰川现象。

而在福克兰群岛、阿根廷、巴西南部、印度以及澳大利亚的西部、中部和东部都发现了冰碛沉积。在这些地带,冰川属于硬化的冰砾石,这种判断完全确保了整个冰川层的相似性。冰碛沉积覆盖整个内陆冰盖,如南非。在南美洲和澳大利亚发现的几处叠置的冰砾层,其间插入了间冰期的沉积物。正如北欧的第四纪冰川和间冰期。再如,澳大利亚东部的中心区新南威尔士州(New South Wales)有两大冰碛层,这两大冰碛层由于含煤的间冰期地层而分离;因此,这里曾两度为内陆冰所覆盖,在间冰期,冰碛层的上面曾一度出现淡水湖泊,而后湖泊变成了沼泽。新南威尔士州以南的维多利亚(Victoria)只有一个冰碛层,新南威尔士州以北的昆士兰州(Queensland)则根本没有冰碛层。澳大利亚东部最南端在间冰期不断被冰层覆盖,中央区域两次被冰层覆盖,而北部剩下的大陆完全没有遭受冰川侵蚀。因此,澳大利亚正如我们所熟知的欧洲和北美洲的第四纪冰期一样,开始出现完全相同的形成模式。在澳大利亚,冰川和间冰期的交替可以归因于地球轨道的周期变化和地轴的倾斜以及太阳常数值这些因素。在整个地球历史进程中,一定会发生这样的变化。然而,最显著的影响可能仅仅是内陆冰覆盖极地冰冠的时候。以上这些迹象明显表明,南半球大陆在石炭—二叠纪冰期是真正的内陆冰大陆。

然而,这些石炭—二叠纪冰期出现的冰川作用的痕迹现在散布于各处,遍布地球近一半的表面。

图7-10 石炭—二叠纪冰期

我们把南极确定在能观察到的最适中的位置，即这些冰川作用痕迹的中心，大约在南纬50°、东经45°处，那么，与此极地定位相应的赤道地区将是这番景象：内陆冰川痕迹最远到巴西、印度和澳大利亚东部，将在距离赤道10°以内；极地气候将因此盛行于赤道附近的地区；北半球将与设想的一样，只有像斯匹次卑尔根一样的热带和亚热带的气候证据。这样的结论是荒唐可笑的。早在1907年，当在南美洲发现的一系列证据不能被学者认可时，高研（Koken）[①]曾试图解释冰川痕迹证据，并运用反证法进行验证。他的结论是：显然没有其他假设是可能的，因为即使是高地扩展也不能在热带地区产生内陆冰，所以冰川痕迹都是在高海拔地区的这一解释必

[①] 高研（Koken）：《印度的二叠纪和二叠纪冰期》（*Indisches Perm und die permische Eiszeit*），载《矿物学新年鉴》（*N. Jahrbuch für Mineralogie*），1907年。

须排除在外。此外,这些观察到的现象反而说明了南美洲的雪线下降到海平面。在此之后,没有人再尝试根据气象学对此进行研究。

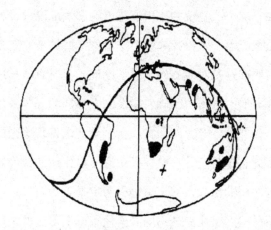

图7-11　石炭—二叠纪内陆冰川在今日各大陆的痕迹(十字架表示南极最适中的位置,连续曲线是赤道)

如果这些证据都与大陆静止说相矛盾,我们该如何看待大陆漂移说呢?各大陆是永久静止的,一直被视为是先验的、不需证明的真理。事实上,这不过是必然要被证明与所观察到的与实际情况相反的假说。

我们将避免从参考文献中引用证据来支持我们的观点。显而易见,我们无须外界观点的支持,那会使我们的研究更盲目。就我们而言,现在不是质疑陆块是否漂移的问题,而是陆块是否依照特定的大陆漂移理论发生了漂移。

首先,我们不应该忽略一个事实:在许多地区发现了石炭—二叠纪的砾岩层,这些岩层被地质学家看作是冰川作用形成的,而它们的位置和大陆漂移在一定程度上难以吻合。

举例来说，在非洲中部发现石炭—二叠纪（包括第三纪）的砾岩[1]，已经定义为南非德韦卡砾岩（Dwyka conglomerate），并作为内陆冰盖的底碛。刚果地区在石炭—二叠纪的冰川痕迹可能和大陆漂移说相关（然而第三纪的痕迹不是很显著）。以我来看，这里所需要的不一定是关于气候方面的假设。如何明确这是对冰川的气候学论证，上文有所描述，看似相似的带有磨光面部分的"假冰川"砾岩能在完全不同的气候条件下形成（尤其是干旱气候），并且已经得到证实。在刚果尚未发现磨光的岩石下有假定的冰碛石，因此迄今为止，只掌握了对假冰川作用的典型迹象。相反，我们缺少对这些冰层的认知，甚至不是很确定是否为石炭—二叠纪。这似乎表明冰层的不同构造是在完全不同的气候条件下形成的。所以，不论怎样，都不能将冰川痕迹的解释视为可信的证据。我们同样反对那些认定内陆冰北部边界可能在非洲南部的说法，很难相信另一个分离冰冠在同一时间形成在非洲的中部。因此有人认为，目前不将非洲中部的砾岩作为气候证据是合理的。而我认为这些假冰川属性不久将会被揭示。

更容易证实的例子是薛尔特（Koert）在多哥（西非国家）发现的石炭—二叠纪砾岩，依据目前观察情况仍被称为冰川，这种提法并不严谨。但依我看，它们很可能是在干旱气候下形成的。

还有一系列在北美和欧洲发现的砾岩，被当作冰川痕迹。但它们完全不符合大陆漂移理论所展现的全貌。

---

[1] M·斯勒伊斯：《刚果盆地的冰川时代》（*Les périodes glaciaires dans le Bassin Congolais*），载《关于1928年法国波尔多协会科学发现的国会报告》（*Compte Rendu du Congrès de Bordeaux 1928 de l'Association Fran aise pour l'Avancement des Sciences*），1923年7月30日。

同样，W·道森在1872年于加拿大新斯科舍省发现冰川痕迹，由科尔曼在1925年证明。S·魏德曼（S. Weidman）（1923）在俄克拉荷马州（Oklahoma）的阿尔布克尔和威奇托附近也发现这些痕迹；J·B·伍德沃斯（1921）发现了俄克拉荷马的"藤孔状页岩"；乌登（Udden）在西得克萨斯发现二叠纪冰层；苏斯米尔希（Sussmilch）和大卫（David）也提到科罗拉多州（Colorado）的"喷泉状"砾

图7-12 冰川侵蚀地貌

图7-13 冰川堆积地貌

岩。这些地区的证据被看作是绝大多数地质学家认为的假冰川。就这一说法来看，他们是正确的，因为冰川现象的解释和这些地区的证据相矛盾，并且占据很大的比例。冯·瓦特斯舍特·冯·德·格拉赫特（Waterschoot van der Gracht）①对此问题表达了以下看法："我们必须谨慎看待冰碛岩。在得克萨斯州、堪萨斯州（Kansas）、俄克拉荷马州，特别是科罗拉多都能够发现石炭—二叠纪砾岩，我认为将其中的任何一处定义为冰川都是未

---

① 冯·瓦特斯舍特·冯·德·格拉赫特：《其他贡献者提供的有关腕足动物学专业组论文的评论》（*Remarks regarding the papers offered by the other contributors to the symposion*），美国石油地质学家协会（共240页），伦敦，1928年。

被证实的。我们熟悉的暴雨出现在沙漠或是干旱区的边界地带也不会令我们感到惊讶。我们也不会惊讶破裂的岩石、许多岩石碎块和部分有棱角的岩块，因为瞬时而猛烈的洪水的发生，从而形成很厚的沉积岩层。河水中的泥浆多于河水，混合而成的洪水具有巨大的重力，因此不仅能夹卷巨大的岩石，而且避免任何的淘选。我们能在所有沙漠看到相同的形成过程，包括美国西部。""单块大岩石在其他中细粒花岗岩海洋沉积物中不需要由浮冰运载。当运载大块岩石时大树同样发挥这样的作用，古树用树根将之运到湖面。"

"即便磨光的和挖出的岩石缺乏被冰川作用的痕迹，除出现很密集的刮痕之外，这些岩石非常致密，材质坚硬。而与冰川巨岩、漂砾十分相似的来自欧洲西北部的二叠纪砾岩，带有明显冰川特征迹象的这类岩石，现在却只是被当作山体滑落时的岩石碎块。1909年我曾经错误地把一块欧洲砾岩描述成冰碛岩。"

除以上所提到的例子外，还有一个特别值得关注的现象，在美国波士顿（Boston）附近发现石炭—二叠纪砾岩，被命名为"海滨冰碛岩"（Squantum Tillit）[①]，R·W·萨尔斯（R.W.Sayles）[②]给出了精确的描述。这些沉积岩覆盖的面积几乎和冰岛的瓦特纳冰川一样广阔。砾岩中的抛光岩石被看作是被挖出的巨岩的岩屑。这附近所发现的硬岩层类似于瑞典德吉尔研究的第四纪年融基层。而全部这些证据可能是假冰川，因为在

---

① 译者注：Squantum Tillit，海滨冰碛岩。发现于美国马萨诸塞州的湿地区域。Squantum，属美国方言，意译为"海滨"。

② R·W·萨尔斯：《海滨冰碛岩》（*The Squantum Tillite*），载《哈佛学院比较动物学学报》（*Bulletin of the Museum of Comparative Zoölogy at Harvard College*），第56卷，第2期（地理学系列，第10卷），1914年。

冰碛岩下的抛光岩石至今仍未被发现。

正如我最近强调的①，从气候角度看，学术界对这类海滨冰碛岩的冰川说明存在严重质疑，认为其与大陆漂移理论无关。北美洲石炭—二叠纪时期的气候证据（一组数量巨大的数据）明确显示，美国西部的干旱沙漠气候贯穿整个时期，尽管东部仍位于石炭纪的赤道多雨带，但二叠纪同样包括炎热的沙漠地区。证明这些气候的迹象，主要是岩盐、石膏沉积和珊瑚礁。现在，在气候影响下，这类沉积岩形成的雪线在地球表面上达到了最高海拔。在石炭—二叠纪，美国地区的雪线在海拔5千米以上。这似乎完全不可能，因此，人们猜测，有一个质量相当于瓦特纳冰川的大块冰位于此处。或是许多人相信，冰山漂浮在形成珊瑚礁的海域中。这是不符合自然规律的，因为气候不可能同时具备冷热两种性质。冰川形成于高海拔处这个想法也不能使人满意。但我却认为这很有可能。因此，海滨冰碛岩会像许多砾岩一样，变成"伪"冰川。

应该指出的是，从气候的角度去怀疑海滨冰碛岩具有冰川的属性，这种疑虑来自于北美地区的沉积岩，这两种岩层在时间和空间上相邻；也就是说，由这种疑虑而产生的对漂移理论的反对意见与漂移理论没有任何关系，并且不应借助漂移理论来说明，而是需要其他的解释。

因而，关于海滨冰碛岩的问题，我们必须通过大量可靠的、能互证的证据来证明，而不是通过一种与此相偏离的、在多数情况下是假想的证据。

---

① A·魏格纳：《对大陆漂移说的两种解释》（*Two Notes concerning My Theory of Continental Drift*），美国石油地质学家协会，第228页，1928年。

图7-14　冰碛岩

我详细地论述了石炭—二叠纪的"伪"冰川现象,是因为似乎仍然只有我一个人反对海滨冰碛岩是冰川的解释。因此,不得不就我对此的反对观点详尽地列举理由。(看来只有冯·瓦特斯舍特·冯·德·格拉赫特和我有共同的疑惑。)我们现在转向考察石炭纪和二叠纪时期,看看在假定大陆漂移时可靠的气候证据是如何被连续发现的。

图7-15和图7-16标注着主要的证据(字母E表示真正冰川作用痕迹)。我们观察到,所有冰川冻结的区域是以南非为中心,以30°纬线到赤道距离为半径的圆形地表。当代极地气候的迹象被限制在与当今气候系统相同的地区,这不能更好地佐证我们的理论。〔这里提出的反对意见是错误的,南部大陆的冰期不是完全同步的,如果我们单单假定地极位移(非常广泛且迅速)的作用,我们就能确定现在大陆所在的位置。但是,澳大利亚的第一次冰期发生在石炭纪的早期,还有南美洲和非洲南部,并且考虑到有关南极的大型迁移,北极将不得不跨越墨西哥,而这里是炎热的沙漠气候。整个地表关于气候分布的所有其他证据,显然与两个极点大范围位移的观点相矛盾。〕为什么北极没有发现和南极一样的大量的内陆冰

呢？结论是，北极在太平洋上远离所有的大陆。

图7-15 石炭纪时期的冰层、沼泽和沙漠

E代表冰川痕迹；K代表煤；S代表岩盐；G代表石膏；W代表沙漠砂岩；阴影处为干旱区域

图7-16 二叠纪时期的冰川、沼泽和沙漠

E代表冰川痕迹；K代表煤；S代表岩盐；G代表石膏；W代表沙漠砂岩；阴影处为干旱区域

图7-16中冰川中心是南极；从这点展开，赤道、30°纬线、60°纬线和北极也都在图中有显示。在投影图中曲线自然显得极其弯曲；赤道是地球上最大的大圆，该弯曲线条比其他线条稍显粗重。其他的气候证据如何标注在图中？

在我们重新绘制的图（不是现在的地球）中，巨大的石炭纪煤带遍布北美、欧洲、小亚细亚（Asia Minor）和中国，形成连接中心冰川区的大圈。这个大圈和复原图中的赤道相重合。

如前文所述，煤炭代表多雨气候。此处，任何雨带形成的环绕地球的环形显然只能是赤道。在这种情况下，假设我们能另外建立一个雨带，从大块内陆冰的中心到90°纬度之间，我们认为赤道是最合理的位置。

无论我们是否以大陆漂移说为出发点进行考虑，能意识到煤炭代表多雨气候的必然性是很有意义的。石炭纪时期欧洲煤田恰好位于非洲南部，同期的有内陆冰痕迹以北的80°区，内陆冰痕迹已经完全被证明并具有可靠性；而非洲以南的雪线延伸至海面，正如今天的南极洲地区。根据第三纪阿尔卑斯山地压缩运动，大陆分离运动一定在石炭纪的10°到15°之间更明显，否则欧洲相对南非的位置可能不会出现本质区别；因此，毫无疑问，欧洲煤田在石炭纪时期形成的时候，距内陆冰区的中心正好90°；不管对当时其他大陆的位置有什么设想，以上观点都是成立的。在距离极点90°的位置，只能是赤道。同样，斯匹次卑尔根属于欧洲大陆的一部分，因此其处于与今天欧洲基本相同的位置。大型石炭纪石膏层代表亚热带干旱气候，因此表示北部的亚热带气候带分布在北纬30°。

结论是：无须参考大陆漂移理论，欧洲石炭纪煤层在赤道雨带形成是必然的。

这一证据十分有说服力，相比之下所有其他证据都有些逊色。然而，我们自然有理由询问石炭纪欧洲煤田中保留下的植物属性，并用邻近的岩层支持这一结果。H·波托尼（H.Potonié）做出了最权威的论证，他的研究①在今天看来仍是最全面的，也是最好的。单从植物学角度出发，波托尼得出结论，欧洲石炭纪煤层是化石泥炭沼泽，其和热带低洼沼泽具有相同的性质。

波托尼列举出的原因不是决定性的，因为很难推测这种古老植物的气候特征。他的反对者一直强调他的学说的不确定性因素，其中包括许多古生物学家。而值得关注的一点是（据我所知）反对者不能根据波托尼引用的植物找到另一种可能的气候学解释，去推翻波托尼所列举的证据，或是发现其他植物特性推导出其他的气候类型。波托尼的反对者提出的反对观点是一般性的。正是由于这个原因，他的植物学推论很难被质疑。他认为说明某植物起源于热带的特征主要有六种：

（1）到目前为止，可以根据化石蕨类的繁殖器官判断其与今天生长在热带的很多植物有亲属关系。其他的特性，值得提到的是石炭纪蕨类和合囊蕨科（Marattiaceae）间的关系。

（2）石炭纪植物中，树蕨类和藤蔓或缠绕蕨类植物占据主导地位。即便在今天草本植物为主的种群中，这类植物也具备养木般的生长优势。

（3）许多石炭纪的蕨类植物，比如栉羊齿（古植物），无脉羽叶

---

① H·波托尼：《大煤田泥炭的热带沼泽性质》（*Die Tropensumpfflachmoornatur der Moore des produktiven Karbons*），载《皇家普鲁士年鉴》（*Jahrbuch der Königlichen Preussischen*），地质研究所，第30卷之第1部分，第3章，1909年；《煤的形成》（*Die Entstehung der Steinkohle*），第5版，第164页，柏林，1910年。

（Aphlebias，不规则锯齿叶缘），残缺的羽片着生于羽轴的两侧或腹面；其和完整的羽片有显著的差别，完整的羽片缠绕在一起。这类无脉羽叶只能在今天的热带蕨类植物中发现。

图7-17　蕨类植物化石

（4）大量的石炭纪蕨类植物的蕨形叶只在热带地区出现，并且蕨形叶占据面积较大。

（5）欧洲石炭纪树木的枝干中完全缺失年轮，既不是周期性干旱也不是周期性寒冷导致的生长中断。我们补充一点：在法兰克福和澳大利亚发现，石炭—二叠纪树木带有明显的年轮，依照图7-15和图7-16显示，两个地方的树木都位于南半球高纬度区。

（6）树木茎干上自身开出的花朵（茎生花）具有芦木科（Calamariaceae）和鳞木科（lepidophytes）的属性，后一种鳞木科（疤木一种，在茎叶上生长出和茎生花类似的标识）还有封印木科（Sigillariaceae）属性……现在，茎生花类的树木（树干、树枝）几乎都在热带雨林之中……或许曾为获取阳光而激烈竞争。繁盛的热带植物实际上只有在树顶的植物叶片需要阳光，而繁殖器官较少接触到阳光。不论在何种情况下，这些器官也不会妨碍叶片重要的功能。

如上所述，这些论断可能不是确切的，但可以肯定：这种植物不会生活在今天发现的寒冷的极地气候和温带气候地带，只生长在热带和亚热带气候区；运用不同的更可靠的方法，这些迹象能很好地论证我们的结论，即煤层形成在赤道雨带区。

波托尼的反对者认为，我们在此处讨论的是亚热带气候而不是热带气候。我不知道这种说法是否成立，但我给出的理由是，现在的赤道雨带不存在泥炭沼泽，那时也不会出现。据称，高温会更快分解植物部分，沼泽超过一定的温度是不会形成的。近年来，沼泽泥炭在赤道雨带被发现，并且遍及各处，尤其在苏门答腊、斯里兰卡、坦噶尼喀湖和圭亚那。许多人准备去探寻刚果河、亚马孙河流域的沼泽地带，而这些还是未知的，但那里河流中茶色的浑浊的水可能会证明它们的存在。由于不可接近到沼泽地带，还缺乏对它们的认知，因此反对意见只不过是因为误解引起的。当然，沼泽的形成促进了石炭纪时期赤道岩层有关石炭纪褶皱变化的相对运动，沼泽和岩层运动同时发生；这些运动过程阻碍自然水流运动，导致大量沼泽形成。

所列举出的树蕨类植物和频繁发现的石炭系煤层，是假设亚热带气候的证据。今天亚热带地区出现的煤层要多于热带地区，多在有雨水浇灌的山坡上。然而，这不是决定性因素。在赤道雨带的泥潭沼泽中，蕨类植物很少见；假设其在石炭纪能更好地适应雨林的环境，而在今天很可能已经被更先进的物种取代。对比今天的亚热带地区，并不是完全符合这个学说。现在这一干燥带直达东部大陆边缘的季风湿润区，从气候学看，这意味着主要的石炭纪煤层不能适应现在的亚热带气候。煤炭区可能只能适应赤道或是低温气候，但蕨类植物不可能适应低温气候。

即便波托尼的论证因为他误解气候学上的第三纪褐煤，而被很多著者怀疑，（这里不涉及植物古生物学的争论，根据有关气候证据，我想借此机会谈一下中欧，中欧无疑在第三纪早期仍处于赤道多雨带，在第三纪中期位于亚热带气候区，部分在干旱区，直到第三纪晚期气候大致与今天相同。中欧的第三纪煤层一定是在各个时期不同的气候条件下形成的。在此要注意的是，比起煤层内植物所提供的单一证据，通过当时留下的欧洲气候的全部化石证据，我们能够得出更可靠的气候环境。）但我们不能忽略：每一次否定提出的论点都没有波托尼的观点可靠，波托尼的观点足够去支持欧洲具有热带性质的石炭纪煤层这一论述。

整个争论是围绕煤层具有热带性质还是亚热带性质展开的，这种争论是在不确定的基础上进行的，而这一不确定性正好是古生物群造成的。同样，我必须要重复的是，岩床所在的位置，距离绝对大陆冰层中心的大圆环的四分之一处，证明了煤层位于赤道多雨带；这个问题也如我上文所提到的与大陆漂移说无关。

漂移说只是作为补充，使这一观点更加完整，证明巨大的煤带位于欧洲之外。如果不考虑大陆漂移的因素，现在这一煤层带的位置会出现矛盾。

现在普遍认为，在北美、欧洲、小亚细亚和中国的石炭纪煤层，具有同类植物区系和相同的气候条件。欧洲煤层一定源自赤道多雨带，同理其他地区也是如此。欧洲的所有煤层并没有位于同一纬线，这些坐标的位置是提供大陆漂移说的直接证据。

通过克莱希高尔绘制的石炭纪时期的世界地图，还有他设想的赤道，第一，我们会发现，如果忽略大陆漂移说，欧洲、非洲和亚洲所在的位置和我们所描绘的大陆漂移时期的地图猜想大体一致。然而，根据气候学证据该图的赤道不经过美国东部，而应该通过其不可能存在过的南美洲，因为在南美10°附近，有内陆冰的扩张现象。第二，印度和澳大利亚带有冰川痕迹的不同位置尤其值得去注意。第三，石炭纪主要煤炭带的煤层厚度是很有参考价值的，它能证明煤层起源于赤道多雨带。相对较薄的煤层形成于二叠纪时期的大陆南部，在融化冰盖的底碛上（见图7-16）还有相关的植物证据，如草本蕨舌羊齿，应属于极地气候。我们所讨论的南部，靠近两极多雨带，同样形成于第四纪，第四纪后期，欧洲北部和北美则出现泥潭、沼泽。煤岩层和舌羊齿植物所在的地区要纳入考察范围，因为现在它们所在的气候区是经历很长时间形成的。

石炭—二叠纪时期气候的其他数据同样证实了我们在图7-15和图7-16中表达的观点，图中环带状证实了按照大陆漂移说所假定的各大陆位置。

在包含干旱区的两个亚热带气候带中，北部气候带在石炭—二叠纪时期很好地延续着。研究不仅限于证实其存在，还包括它在二叠纪向南方前进，因此，赤道多雨带在欧洲和北美洲被干旱气候所取代：石炭纪时期，大型石膏层位于斯匹次卑尔根大陆下和北美洲的西部（图7-15所示），北美大陆上的石炭系红色岩层表明这里是沙漠气候。赤道雨带只存在于北美东部。而在二叠纪，全北美大陆和欧洲都是沙漠，在纽芬兰多数是石炭层,岩盐覆盖过去的煤层(图7-15和图7-16);同期,爱达荷州、得克萨斯州和堪萨斯州出现大型石膏矿层,并且堪萨斯州有岩层沉积。在欧洲,大规模沉积岩在二叠纪时期形成,在德国、阿尔卑斯以南、俄罗斯的南部和东部都有发现。

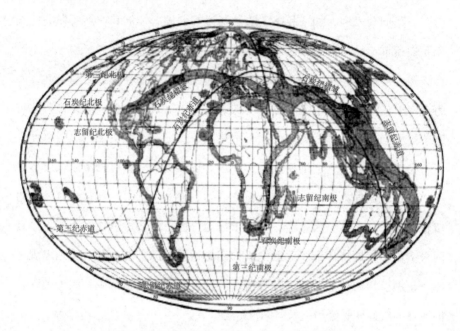

图7-18　石炭纪褶皱和赤道位置(据克莱希高尔绘)

单独看德国,阿尔德特计算出存在9个二叠纪岩盐层,其中最著名的是斯塔斯弗沉积。这种欧洲气候带的向南位移,还有在北美洲同时进行的东南向移动,都一起随从南非向澳大利亚方向运动的大陆进行位移。这也表明在二叠纪发生地极位移,尽管很缓慢。

如果根据目前的观察结果作出结论,那么,南半球的干旱带,在石炭纪时主要在撒哈拉范围内留下了痕迹,那里生成了为数众多的大型盐矿,此外还有埃及(Egypt)的荒漠砂岩。当然,这些沉积,尤其在确定其准确的年代的研究层面,远不如对欧洲沉积岩研究得深入。

最后,爱尔兰到西班牙和密歇根湖(Lake Michigan)到墨西哥湾(Gulf of Mexico)的石炭纪珊瑚礁,以及二叠纪时分布于阿尔卑斯、西西里岛(Sicily)、亚洲东部的形成(Richthofeniidae)石灰岩礁的李希霍芬石,也都可以归入证明气候带的证据中。

很明显,这不仅是石炭—二叠纪时期冰川作用的痕迹,而且是那个时期气候的全部证据。按照漂移理论,假如那时候南极位于南部非洲的位置,那么,那一时期地球上就形成了一个与今天完全一致的气候系统。然而,若按照当今大陆的地理位置,把这些数据整合成一个可识别的气候系统是完全不可能的。因此,这些观测结果构成了证实漂移理论有效性的最强有力的一组证据。

当然,如果只列举石炭—二叠纪时期而不是整个连续的地球演进时代,古气候学证据将是不完整的。(至于更早的时期,古气候学证据目前还没有太多发现,因为缺乏地图学基础。)但实际却并非如此,书中我和W·柯本提到,我对每一个地质时期的考察方法都和石炭—二叠纪时期相同。本书不进行重复讨论,因此读者要参考柯本—魏格纳的著作。但是,最终结论没有变化:如果我们以大陆漂移理论为基础使用地球复原图为起点,气候证据就基本上是按照今天的气候系统排列,但如果引用现在大陆的位置,气候证据就是矛盾的。我们越接近现在,证据就越少。当然,气候证据的矛盾也就出现(由于大陆的位置和今天的越来越符合),也就有更少的可信证据证实大陆漂移理论。

至于其他方面,需要注意到,古气候学证据、地极位移证据在地质的后期都具有重要的作用。地极位移和大陆漂移从形式上相互补充,形成其基本原理。通过利用之前对混乱无序的困惑,将自相矛盾的事实联系起来,形成一种简单的模式,这种模式一次又一次地令人震惊,并且由于它与当今的气候系统完全类似而极具说服力。然而,这主要是大陆漂移说发挥的作用,如果没有大陆漂移说,地极位移充其量只能解释近期出现的问题。

第八章　大陆漂移的基本原则和地极位移

迄今为止，在已有的文献中，"大陆漂移"和"地极位移"这类表达有时被用于完全不同的理解中，并且文献中对它们之间的相互关系仍有一些混淆，只有精准的定义才可以解决这一问题。

漂移理论的主张与大陆的相对位移是有关联的，大陆的相对位移，是指地壳相对任意选定的参照点而言所产生的相对位移。特别的是，图2-19经重新绘制后显示的是各大陆相对于非洲的大陆漂移（位移），所以，在所有的重新绘制的复原图中，非洲都被画在相同的位置上。我们将非洲作为参考，是因为这块大陆代表以前原始大陆的核心区域。如果我们只考虑地球表面的一个部分，那么将自然把参照系放在这个有限的区域内，然后将此参考区域位置恒定。参考区域的选择是一个纯粹的实用性问题。由于地理监测系统引入了经度的变化，这一系统可能会产生变化，所以未来的大陆漂移可能将以格林尼治天文台作为参照。

为避免任意选择一个参考系，有学者认为，或许可以定义均衡的大陆位移，这种位移将不是相对于一个参考系，而是相对于整个地球表面。然而，他们的这种想法在实际应用中会产生很大困难，因此目前不予以考虑。

重要的是，需要意识到我们用非洲作为参考系统是完全任意的。莫伦格拉夫[①]强调，大西洋中脊解释了非洲从原始大陆向东移动，我不能从他的陈述中发现任何反对大陆漂移理论的观点。相对于非洲而言，美洲和大西洋中脊在向西移动，美洲的移动速度为大西洋中脊的2倍；相对于大西洋中脊，美洲向西移动速度和非洲向东移动速度大约持平；相对于美洲，大西洋中脊和非洲同时向东移动，而非洲比大西洋中脊移动速度要快2倍。根据运动的相对性，以上三种观点是一致的。但一旦我们选择非洲作为参考系统，便不能按照定义给这个大陆分配一个位移。我们已经指出，选择参考系统应该按照最实用的原则，不是地球表面的单独一部分，而是整个地球表面。

地极或地层的经度变化仍未在大陆漂移的定义中提及。我认为，重要的是要把这些概念与大陆漂移学说区分开来。

地极位移是一个地质学概念。因为地壳的最上层组织是地质学家最容易接触的部分，并且地极的前位置只能通过气候变化的化石证据推算得出。化石证据来自地表，因此，我们必须定义地极位移为一种表层现象；也就是说，作为纬线系统的转动与地球整个表面转动相关，或者说整体的地表转动与纬线系统转动相关（这说明同一件事情，因为运动是相对的）。这种转动，必须围绕不同于地球自转轴的轴，才能行之有效。这是地球内部的问题，地极运动不论是相对纬线系统、地表或是第三种可能性都处于静止。以上推论是在定义中忽略了相对旋转从而得到的，因此在这

[①] 大陆漂移说：《关于大陆之间和大陆内部陆地板块的起源与运动之专题讨论会》论文集，美国石油地质学家协会，第240页，伦敦，1928年。

种意义上,表层的地极运动只能通过远古时期气候变化的化石证据来证明。地球物理学不能对地极位移的真实性或可能性做出任何判断。

当然,因为同时出现大陆漂移学说,所以界定地极位移的定义是十分困难的。如果不存在大陆的漂移,可以根据相关的气候化石证据,直接对两极的位置进行比较,这样就能立刻找出地极位移的方向和范围。但如果在这期间发生大陆的移动,在两幅考虑到大陆漂移说的复原图中,通过气候证据,我们可以发现地极坐标位置,但同时出现了一个无法解释的难题,我们不知道如何在时间2中定位这个不变的地极位置,从而使之与时间1上的地极位置相对应,然而,只有确定这种"固定不动"的位置才能建立矢量位移,才能计算出地极位移的方向和范围。

有种假想可能会成立:我们假设地图上的经纬网在时间1的时期牢牢印刻在地表上,然后在时间2上经纬网将因为大陆漂移而发生弯曲。如果我们现在查询与发生弯曲的版本最吻合的、未经改变的经纬网,那么它们的地极在时间2段内未发生改变,对经纬网位置和实际时间2的地极(源于有关气候变化的化石数据)进行比较,能得出在时间1和时间2中地极位移的范围。

这一成果对地极位移将具有绝对的重要性。由于我们提到过的难点,还未有人对其进行测定。许多学者也一直满足于研究参照某一任意选定的大陆板块,对相对地表的地极位移进行测定。W·柯本和我再次选择非洲作为参考,并描绘关于非洲的大陆漂移。如果选择另外一个大陆作为参考,自然地极位移将完全不同。只有在不存在大陆漂移时,我们将发现,不管选择哪一部分大陆,都会产生相同的、绝对重要的地极位移。地极相对位移的研究结果有多么大的差异,这是由所选定的参照大陆板块的不同而决定的,图8-1有所阐释,图中所示的是始于白垩纪时期的地极位移,右边是非洲移动的情况，左边是南美洲移动的情况。

国际纬度服务（简称ILS，成立于1899年）的观测表明，地极位移正在发生。这种位移也只能发生在地表。地极位移知识的发展是具有里程碑意义的，其中推断当今进行的地极位移是最近取得的一大成就。1915年，B·瓦纳奇最先推导出位移的平均位置，但他没能在那个时候证明它。我们这里不需要相关数学条件，因为这一移动十分微小。（1912年前，我已经在《彼得曼文摘》第309页提到，用眼睛能观测到极点坐标描述的曲线中心的系统性位移，而且很容易就看到对称的形状。）1922年，第一个可靠的证据由兰伯特提出，而最近B·瓦纳奇根据国际纬度服务观测数据的变化[1]重新推导了地极位移。我们在图8-2中引用B·瓦纳奇的例证，图中数据十分清楚地显示了地极位移的范围。众所周知，整体的地极位移遵循一条确切循环的路径，由于旋转的极点（对于瞬时轴）围绕着与惯性轴相对应的极点移动，现在，其半径较大，而曲率半径较小。

现在，地极位移在理论上并不符合相对的关于单个大陆的地极位移，而是指整个地球表面的绝对地极位移，虽然这两者不完全相同。这是因为国际纬度服务的纬度监测站分布在世界各地。然而，严格地说，推断地极位移的绝对值有必要在地表所有要点处测量地极纬度，以便于国际纬度服务能为我们提供地极位移的近似的绝对数值。如果纬度服务站存留他们现有的站点，没有随大陆漂移改变，那么这个数值可能会是个精确的数值。然而从站点的位置上能看出，它们的确发生了移动，这引起了R·舒曼

---

[1] B·瓦纳奇：《一个逐渐演化的地球层》（*Eine fortschreitende Lagen nderung der Erdachse*），《地球物理学报》（*Zeitschrift für Geophysik*），第3卷、第2期、第3期，第102—105页。

第八章 大陆漂移的基本原则和地极位移

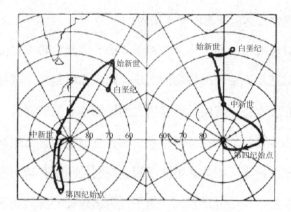

图8-1 南极漂移示意图

左图：关于南美洲南极移动路径（箭头依次顺序是：白垩纪，始新世，第三纪中新世，第四纪）；右图：关于非洲南极移动路径（同上）

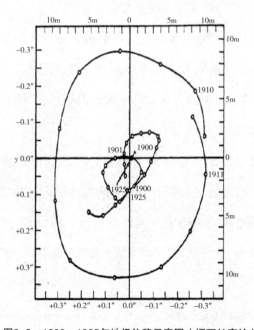

图8-2 1900—1925年地极位移示意图（据瓦纳奇绘）

（R.Schumann）[①]的注意：是偏离的地极路径造成系统误差，并不是服务站观察出现误差，然而该起因并不明确。

我认为对地极位移的定义是非常重要的，因此，必须对位移到底是发生在地壳层面还是源于内部地轴的实质性问题作出判断。到目前为止，文献中的问题还没有得以解决，而且研究结果都是令人困惑的。目前，一直是地质学家用实证的方法在探测地极位移，且地极位移已经被地质学家根据纬度测定推断出来，但许多地质学家怀疑它在理论基础上的可能性；三分之一的学者提出折中的观点，认为不是内部地轴的移动就是下层地壳的旋转。为解决这个困惑，有必要构建更加严谨的概念，即定义地极位移发生在表面。这些一次次的表面位移在过去的地质时期和现代就已经被探测出来，因而探讨它们存在的可能性是没有意义的。

"地壳位移"和"地壳旋转"，我们指的都是相对于地球内部的地壳的运动。"地壳"意味着地球内部的对立面，因此这个定义是自然形成的。我们掌握许多证明地壳移动的证据，但是只能判断出地壳移动的方向，而非移动范围。

有许多迹象表明地壳整体向西转动，因此是轴线前进，相当于围绕轴转动。与此相关的现象是，小块大陆与大块大陆相比，位置滞后于东部，如东亚的边际岛屿链群，西印度群岛、南设得兰岛（The South Shetland）、合恩角与格雷厄姆地间形成的岛弧；同样，大陆的突出部分向

[①] R·舒曼：《地块沉积与地极位移》（Über Erdschollen-Bewegung und Polhenschwankung），载《天文学新闻》（Astronomische Nachrichten），第227卷，第5442期，第289—304页，1926年。

第八章　大陆漂移的基本原则和地极位移

东弯曲，比如大陆架部分的巽他群岛、佛罗里达、格陵兰岛南端、火地岛和格雷厄姆地的北端；进一步说，还有斯里兰卡的分离，从非洲向东漂移的马达加斯加岛（Madagascar），从澳大利亚板块分离的新西兰岛；还有一个必须提及的，即南极洲板块和美洲板块相撞挤压形成的安第斯山脉。的确，以上这些现象在大陆漂移说中首次得到解释，但它们象征一种惯常的向西的大陆板块的移动，与大洋底邻近的硅镁层有关联，因此意味着大陆块相对于潜在的硅镁层向西迁移。既然在全球都可以追踪到这些迹象，它们就构成了地壳整体西移的证据。实际上，这一观点已在今天的地球物理学中被广泛使用。

另外，某些现象象征着局部地壳移动，特别是在赤道方向。理论上，这是可以预见的，因为存在一种力，这种力作用在大陆上，使之偏离南北两极。从阿特拉斯山脉一直到喜马拉雅山脉的巨型第三纪褶皱群表明，在赤道方向发生的板块挤压活动，可能仅仅是由于在地壳基底层上的地壳移动所产生的。

所有上述迹象都是间接的，更直接的是浅层地壳移动的迹象，它是由重力场分布状况导致的。我们现在必须对此进行更深入的了解。

图8-3由考斯马特绘制，是一幅中欧重力失衡的地图。就好像整个地球的地形被规划为海平面，并且在这个海平面上进行测量似的，实际观测到的重力加速度，一如既往地减少了。也就是说，除了减少的海平面，还要从结果中除去此平面上大陆块的影响。不停地将减少的实验值与重力正常值做比较，绘制所讨论地的地理纬度位置，并将两者的差值——重力异常表现在地图上。这个数字直接为我们显示山脉下方的巨大落差，在一定程

度上弥补由地壳均衡过程造成的落差。考斯马特阐述道:"由此我们仅仅可以得到许多地球物理学家已经阐释过的相同结论,而且海姆也说过,实验值的减少不是密度压缩造成的落差,而是由于褶皱作用。上面的部分、地壳相对轻的组成部分变得更加密集,并且形成凸起部分沉入塑性底层。褶皱的幅度不仅仅是向上生长,也有向下的,由于其重力,褶皱上冲断层在一个更大的褶皱下冲断层中有它的对应物,正如海姆所说。"根据地图,我们推断,地壳硅铝层底部的近似地势在阿尔卑斯山的下方,在那儿重力异常值达到最高负值,硅铝层底部也深深进入硅镁层。

然而,我们的重要任务是更精确地比较出地下层褶皱群的位置和相关山脊的位置;为此,我们要求读者参考相关的图集。这样,我们将很容易发现反向重力异常的现象,这种现象有系统地向东北方向移动。

这一突出现象预示地下隆起、倾斜以及整体或多或少地向东北方迁移。确切地说,这意味着欧洲大陆潜在的硅镁层向西南方的移动。在此期间,进入硅镁层下层的部分受到摩擦阻力。如果我们有类似的关于全世界重力异常的解释,那么不管怎样,无论在哪里,所有发生的近期的大陆块增厚的现象,我们都可以认为运动方向与潜在的硅镁层相关。这似乎是确定地壳迁移的唯一的直接方法。在欧洲,板块向西南移动,因此有向西漂移的力可能符合地壳的整体向西旋转;而向南的力则对应地壳向赤道的移动。

第八章　大陆漂移的基本原则和地极位移

图8-3　受引力场扰乱的欧洲中部山脉（据考斯马特绘）

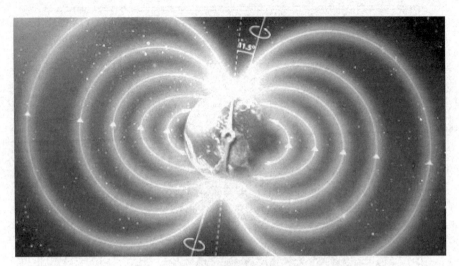

图8-4 地球磁极

近来科学研究表明,未来50年地极将偏转至西伯利亚。更远的未来,也许地极会发生翻转,引发新一轮地球大灾难

我们现在试图回答的问题就是——浅层地极位移可能产生于地壳下层的移动。

显然,在有关整体地壳旋转的问题中,这个旋转轴是与地球自转轴完全不同的。然而,观察结果表明这样的地壳旋转是整体向西的,也就是,自转轴的方向是自西向东的。有人认为,在地球表面的结构中,任何一次围绕完全不同的轴所进行的地壳旋转都会被探测到。因此,观察并不能为这个问题的解决方案提出支持的证据。那么理论说明了什么?这一理论支持两个内容:朝赤道方向的地壳移动和地壳整体向西位移。这两个位移表明,地壳位移是凭借重力作用远离两极,并且还有潮汐和一种行进的力。显然,不可能从理论上解释整体的地壳自转一定发生在与地球自转轴完全不同的轴上。许多研究人员持有折中的观点,认为地极位移可以解释为整

第八章 大陆漂移的基本原则和地极位移

体的地壳旋转，因此缺乏经验和理论上的支持。这个观点对我来说未必是正确的。如果这个解释是错误的，那么浅层地极位移可能仅来自地球内部轴向位移。

轴向位移直接地表现在轴在一介质内部围绕其周长的转动。因此我们应当只在这个意义上使用这一表达，同时还要区别地球内部的轴向位移和天文学上的轴向位移。此处，我们只谈论前者。

针对明显的浅层地极位移是否源于内部轴向位移问题，有人采用了理论和实际相结合的方法。就理论方面而言，许多研究人员已反复宣称，内部轴向位移所需的数量级是不可能存在的。为证明这一点，兰伯特和施韦达尔曾计算认为亚洲大陆在45°纬度处的位移将引起地球惯性主轴1°到2°的转动。很明显，由杰出的地球物理学家给出的这些论断和数据，给地质学家留下了很深刻的印象，他们无法测试和评估出计算背后的假设。这些论述也因此造成令人困惑的现状，而消除这一困惑是地球物理学家的紧迫任务。

开尔文（Lord Kelvin）、鲁茨基和夏帕莱利（Schiaparelli）的观点，应当引起人们注意。开尔文说："我们不仅能承认其可能性，而且还能断言其最高程度上的可能，那就是最大惯性轴和自转轴总是互相接近，两者可能早在古代就从它们现在所在的地理位置开始移动，它们可能已经移动10°、20°、30°、40°或是更多的度数，没有任何预兆的出现突然扰乱陆地或海洋的情况。"鲁茨基同样认为："如果古生物学家确信过去的气候区在过去的地质时代显示自转轴和现在的轴完全不同，那么地球物理学家能做的唯有接受这个假说。"

夏帕莱利在鲜为人知的一本著作中，更详细地解释了这个问题。

W·柯本[①]对他的思想做了总结。其中，夏帕莱利调查了三种情况：一是完全固态地球；二是完全流体地球；三是表现为固态地球，但一旦受到超出极限值的作用力就开始流动。在情况二和情况三中，轴向位移可能不受限制。

为什么其他研究人员如此坚决地否认内部轴向位移呢？简单地说，因为他们错误地认为在这些过程中椭球形地球上的赤道隆起位置保持不变！所有对内部轴向位移的否认不仅毫无依据而且也是不可接受的假设。

如果我们做出这一错误的假设，很明显，不用计算地球惯性主轴的移动，也能清楚发现，地球主轴和自转轴是始终固定不变的。地球的赤道半径比极地处长21千米，因此赤道隆起体现了环绕地球赤道的巨大质量，它对地球轴线的惯性矩远远大于与地球赤道直径的关系。因此，最大的地质变化只会导致质量分布的变化，而这与由于变平而导致的隆起相比，可以忽略不计。如果后者保持常量不变，人们可以看到，即使没有进行任何计算，地球的惯性主轴也只可能发生少量改变，而且转动轴必须总是围绕在惯性主轴附近。

然而，我必须承认，很难理解人们当今怎么可能认真地假定赤道隆起本应保持其位置不变，就像说地球是绝对稳固不变的一样。均衡说和大陆

---

① W·柯本：《大陆漂移与地极位移的起因和过程》（*Ursachen und Wirkungen der Kontinentenverschiebungen und Polwanderungen*），载《彼得曼文摘》（*Petermanns Mitteilungen*），第145—149页，第191—194页，1921年；《地质时代地理纬度与气候变化》（*Über Änderungen der geographischen Breiten und des Klimas in geologischer Zeit*），载《地理月刊》（*Geografiska Annaler*），第285—299页，1920年；《古气候学》（*Zur Paläoklimatologie*），载《气象杂志》（*Meteorologische Zeitschrtft*），第97—101页，1921年；《大陆漂移说和地极位移的影响和意义》（*Über die Kräfte, welche die Kontinentenverschiebungen und Polwanderungen bewirken*），载《地理评论》（*Geologische Rundschau*），第12卷，第314—320页，1922年。

第八章　大陆漂移的基本原则和地极位移

相对漂移说的出现足以证明，地球存在有限程度的流动性。如果是这样，赤道隆起也必须能够对自己进行重新调整。我们只需要遵照兰伯特和施韦达尔的思路：假设惯性轴（没有隆起变更）已被少量地质过程 x 取代，旋转轴必须随之移动。现在地球围绕轴进行旋转，这个轴与先前的略有不同。轴必须跟随赤道隆起去调整自身。地球是黏性的，所以行进缓慢，可能轴没有到达那个点之前就突然停止了。我们不知道后者的可能性。作为基本原则，我们必须毫无质疑地假定完整的重新定位可以实现，即使需要的时间很长。然而，一旦实现，我们需要在地质变化的开始之后，补充相同的情况；地质驱动力一如从前，把惯性主轴的方向通过数量值 x 移动到同一方向，并不断重复这个过程。取代数值 x 单向位移，我们现有连续的位移，它的速度一方面由初始移动的 x 大小确定，另一方面由地球的黏度确定；它从不静止，直到地质动力失去作用。例如，如果这个地质因素源于在中纬度某处大陆块的增加，那么地极位移只能停止，当增加陆块到达赤道时，或者，确切地说是当赤道到达陆块时。

当然，这个问题需要深入地进行数学计算。然而，基本的注意事项显示（在我看来足以充分说明），假设地球是不变的隆起的偏圆形球体是一个根本性的错误，这会导致讨论中出现整体错误的问题。在漫长的地质时代进程中，缓慢但大幅度的内部轴向位移的可能性和真实性是存在的。但需要从理论上去阐述这个问题。

正如上文所述，通过经验主义的方式是可以得到结论的。虽然确定浅层地极位移是否由轴向变化引起的方法是间接的，说服力弱，但值得注意的是，目前，所有方法都能够去判断浅层地极位移，并且已经表明轴向移动的事实。

我们首先回到图8-3，以欧洲地壳的西南迁移为基础作出推导。欧洲山脉的硅铝层山脊在第三纪时期被迫向下运动，并缓慢向东北方移动。由此，我们可以合理假设欧洲西南向的地壳移动从第三纪开始发生。然而，在第三纪，欧洲的纬度增加了近40°，北极更接近欧洲大陆，而欧洲大陆底层同时向赤道方向移动。很明显，那只可能是地球内轴向位移的数值超出了地表的计算数值。唯一一种可以摆脱这个结论的方法是，假定欧洲大陆首次发生在第四纪的位移是朝向东北的反重力的异常现象，并且在第三纪山脉东南方始终有落差。这种假设或许不能被完全排斥，但在我看来是不太可能的。（在描写阿尔卑斯的章节中，斯托布写道："欧洲和非洲一起向北进行漂移。二叠纪时，欧洲从非洲中漂离出去，在第三纪中期，强大的力量限制欧洲的运动，挤压欧洲洋底，形成横跨欧洲的巨大山脊并且推动欧洲进一步向北移动，横贯在欧洲和非洲大陆之间。大陆漂移的纬度变化数对非洲而言是50°，对于欧洲而言为35°～40°。在大陆漂移中，描述欧洲的纬度变化是一个难以解答的问题。"在所有的可能性中，结论毫无根据，错误的图片涉及两个概念：一是非洲和欧洲在给定的量值下，移动到它们的基板上，欧洲地壳向北移动，与引力场强度分布方向相反；二是不存在地球内部轴向移动，不可能是由于海进与海退的循环作用。这个例子以及其他例子表明，在这一阶段，对是否存在内部轴向位移给出明确的定义是多么重要。）

现在，我们来谈论另一个经验性测试的可能性，即海进与海退交替循环。

许多研究人员（雷毕希、克莱希高尔、森帕尔、霍尔、柯本等）已对这一问题作出讨论，即地极位移一定与地质上的海进海退的交替有关联。

这是因为地球是一个椭圆体，同时存在着时间延迟，当地极位移时它要调整自身到新的位置，海水也随之立即调整。图8-5说明，当海水立刻跟随任意一个改变的方向到达赤道隆起处时，而大陆块却没有随之调整，那么在圆的象限前方就会有地极位移而增加的海退，或者形成干旱大陆；在圆的象限后方，则出现海进或是洪水泛滥。因为地球的赤道半径比两极半径长约21 000米，石炭纪和第四纪地极位移了60°（如果它伴随着等量的内部轴向位移），斯匹次卑尔根岛在海面上抬升约20千米，如果要使地球保持原形，非洲中部将不得不沉到海面下相同的幅度。当然，后面的情况可能不会发生，因为地极位移的可能性取决于它重新定向的流动性。然而，调整可能涉及在海平面立刻重建后的100米量级的滞后，这一定出现海进交替现象。

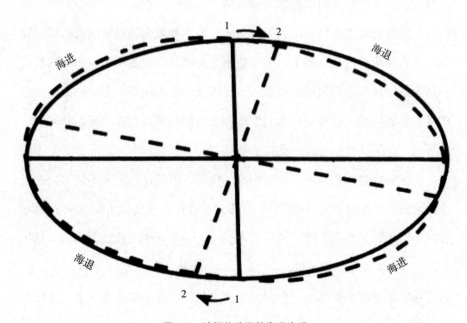

图8-5　地极位移下的海进海退

尽管只是暂时性的，但我已经利用经验数据对海进做了两种测试，并且我可以预先说明，这两种方法似乎证明了地球内部轴向移动和地极位移有关。

第一种测试法是比较泥盆纪和二叠纪期间的海进变化和瞬时地极位移的结果。严格说来，本应使用实际地极位移的数据，但在此使用的是相对数据，以非洲作为参考值，与绝对值没有多少区别。最大的不确定性基于一个事实：海进的位置和扩展，在各个时期我们掌握得都很不精确。

我们现在在重新绘制的世界地球上标记出了在石炭纪的海岸线的海水海进。根据以往古生物学家如考斯马特、瓦根（L.Waagen）的论述，早在下泥盆纪和下石炭纪时期，该地就被洪水淹没，但期间又露出水面，如图8-6所示。（这些地区有别于同期高于或低于水面的地方。）然而，在这个时期，南极率先从南极洲向南非偏离。（这些图表以我早先临时测定出的极点位置为标准。极点的位置参考W·柯本和魏格纳提供的更精确的数据，《古地质时代的气候》，尽管数据有些差异，但是不足以影响到我们的结论。因此我未对数据作出更正。）因此，南美洲落入象限前面的地极位移，北极从北美洲偏移。我们发现一个确切的规律：在北极偏移之前，有海退；在北极偏移之后，发生海进。

在随后的时期，从下石炭纪到晚二叠纪，两极发生完全不同方向的迁移，南极从南非向澳大利亚移动，北极再次接近北美洲。图8-7显示的地区在这个时期，上升又下降，可以再次确认这一显著的规律，因为这一情况在南、北美洲是全然相反的。

这些结果似乎显示出，从泥盆纪到二叠纪的地极位移实际上与地球内部轴向位移有关。

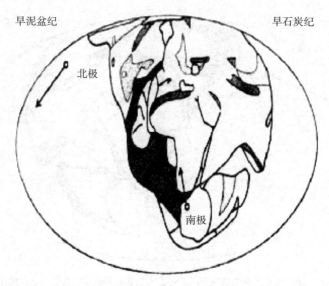

图8-6　早泥盆纪到早石炭纪期间的海进（灰色阴影处）、海退（黑色阴影处）和地极位移

当然，我不想忽略一个事实，即试图在地球历史的其他时期寻求测试的方法，至今还未得到明确的结果。而下一时期由于地极位移的规模微不足道，因此不适合做相关测试。即使第三纪存在大规模、迅速的地极位移，我至今也没有获得明确的结果。可能因为我所使用的相对地极位移方法，在这里已不足以解决问题，而研究工作必须基于均衡的地极位移。但最大的困难无疑存在于这一事实中，在第三纪，由于迅速变化，海洋的海进逐一分级进行，在地图中不能充分体现出来。我想，尤其是上述几点，就是迄今为止没有出现明确的图片的原因。

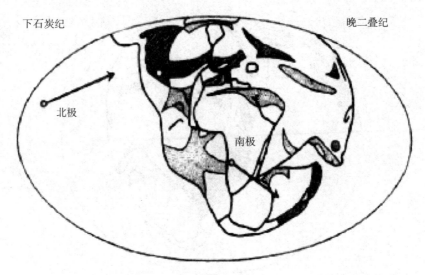

图8-7 下石炭纪到晚二叠纪期间的海进(灰色阴影处)、海退(黑色阴影处)

第二种测试法是不考虑整个地表有限的时间跨度,而是考虑怎么绝对地、完整地测出表面部分,并以海进交替怎样作用在整个星球发展史上(在我们的例子中,自石炭纪以来),来比较海进循环中纬度的变化。如果规律——"发生在地极前的是海退;其后的是海进"站得住脚,那么每一纬度的增加都一定与海退有关,每一纬度的减少则与海进有关。为证实这一点,我以著名的欧洲大陆为例。对于纬度的变化,我们可以使用数据,以莱比锡(Leipzig)地区为参考值(所有都是赤道以北的纬度),在W·柯本和魏格纳的研究中(均为北纬):

石炭纪　0°

二叠纪　13°

三叠纪　20°

第八章 大陆漂移的基本原则和地极位移

侏罗纪 19°

白垩纪 18°

始新世 15°

第三纪中新世开始 39°

第四纪 53°

现在 51°

纬度从石炭纪到三叠纪逐渐增加，始新世减少，之后再次增加，直到第四纪。在第四纪中期，最高纬度值已到达莱比锡地区。

地质学告诉我们，从白垩纪到侏罗纪初，海退常发生在欧洲大陆；之后，大型海进开始，形成侏罗纪海洋和白垩纪海洋，欧洲大陆块在水下，一直到始新世初。从那时起，显著的海退再次出现，欧洲由此作为一个整体，成了陆地。最后，从第四纪以来有小幅度纬度值的下降，我们推测可能与出现海进现象有关。在所有事件中，这一规律具有普遍性并保持稳定，欧洲大陆是最好的印证。这个测试证明了地极位移与内部轴向变化间的相互关系。

最后，我们将简要讨论，地轴是否曾经历天体变化，即是否发生相对于恒星系统的变化。

从天文学得知，这种变化发生在当前。岁差运动已经被发现了很长时间，地极围绕黄道轴每26 000年旋转一周，地轴与轨道面的倾角没有任何变化，即黄道的倾角。重叠的章动（造成地球磁极在其平均位置附近摆动的地球轴线运动的周期性变化）是轻微的，因此在这里不做考虑。然而，除此之外，摄动数值表明，黄道角也数度经历了约40 000年的准周期震荡，尽管是小幅震动，但这些震动和近日点变化、轨道偏心率有关，对第四纪冰川改变和间冰期有决定性影响。

  我们可以假设摆动的黄道角已持续存在，并贯穿整个地球历史之中，似乎在第四纪对气候产生影响。例如，在石炭—二叠系冰河时期，近来发现有冰层反复交替前进后退的痕迹，进一步调查可能会有更多发现。很可能是，在此周期的黄道角摆动对冰层的前进、后退产生了一定的控制作用。也对应第四纪的角度摆动。该观点已说明，在沉积作用中，显著的周期变化与黄道角的改变有关。

  然而，对于变化的黄道角波动的平均值在地球历史演变中是否经历过相当大程度的变化的问题，天文学上的微扰计算可能提供不了任何信息。这有两个原因：一是微扰计算涉及所有太阳系行星，而我们只对其中一部分有确切的认知，这使得对地质时期（除第四纪外）的外推法计算十分不现实。二是在计算中假定地球不是一个固体，而是具有流动性，并遵循大陆漂移、地壳移动，或许还有内部轴向位移，以上这些特征一定对结果有重大影响。但是目前，它们不能被考虑到计算之中。从这个角度，我们不能获得进一步的信息。

  然而，我想关注地质气候方面的重大意义。在石炭—二叠纪，南极地区位于冈瓦纳大陆，并在那有内陆冰形成，相当于今天的南极洲。这之后，我们发现随后的时期中——三叠纪、侏罗纪、石炭纪、第三纪早期，在地球任何地方都没有可靠的内陆冰作用的痕迹，然而极地附近有大陆块或是多数时间里接近陆块，以致不缺乏生成内陆冰的机会。与此同时，我们发现一个惊人的现象，即动、植物物种向两极扩展。直到第三纪时代，新内陆冰层才覆盖至北极，在第四纪达到它们最大的覆盖范围。极地气候的波动可以通过下述假设得到结论，即黄道角移动的平均值以40 000年为周期，在地球演进过程中经历了大幅度的变化，在内陆冰存在时，黄道角倾斜度较小，在没有内陆冰且生物发展时，黄道角倾斜度较大。

当然，黄道角的变化对地球气候系统有影响。只需要认识到，每年的温度变化基本源于黄道角的变化。如果是零度，地轴将围绕太阳轨道正常转动，轨道偏心率微小到可忽略不计，年变化几乎消失，地球上所有地方的气温在一整年中将保持不变，而这种情况现在只有在热带地区发生。两极地区（非常低）的平均气温将持续一整年；冬天将比现在温暖，但气温将永远在零度以下，夏天和冬天将没有分别，植物的生命将不可能延续，因为没有生长周期。植物群将因此被迫沿着一段长路回到两极，陆上生物也是。所有降水将变成终年积雪，而且因为夏季的缺少可能从不消融。雪逐年积累，所有土地将被冰雪覆盖。

如果那时黄道角的角度明显大于今天，温度的年变化幅度在两极将增大。极地夏季将更温暖，以至于植物和陆生动物能把种群迁移到包括极地的整片区域内定居，甚至树木都能在此生长；如果月平均最高气温超过10℃，如在西伯利亚，许多物种在严寒的冬季能幸运地得以存活。夏季的沉降物为雨水，冬季为雪，冬雪将因夏季高温融化，所以即便平均气温较低，也没有内陆冰地，像西伯利亚一样。此外，极地地区的年平均气温将上升，即使上升幅度微弱，夏季强烈的太阳辐射不能完全抵消在冬季所损失的热量的更大辐射，因为如果太阳只是在地平面以下，就辐射平衡理论而言，其辐射产生的热量是相同的。动植物群等气候条件证据给出了黄道角在两极和赤道间调节气候的必然性。

自然还需要对上述在地球历史演进过程中的极地气候波动的古气候

证据进行进一步研究。但要注意，对于这些波动还会找到其他的原因。不过，我觉得目前不太现实，而通过黄道角的变化解释波动是最好的。这也表明，天文学计算中除了已知的天文上的地球自转轴变化外，还有其他尚未列入的变量因素。

第九章 大陆漂移的动力

在前面已经说明，测定大陆漂移运用的是纯经验性的方法，即借助完整的大地测量学、地球物理学、地质学、古生物学和生物学的相关数据，但对大陆漂移这一过程的起因没有任何假设。这是归纳法，在绝大多数情况下自然科学家必须选择的方法。如首先通过观察，推导出落体规律和行星轨迹的公式，只有在牛顿出现之后才提出如何根据万有引力的公式推导出规律，这是常规科学研究反复出现的过程。从长远来看，我们不能指责理论家不愿花费时间、费心去解释一个其有效性不能被全体认可的规律。无论如何，完全解决动力的问题仍需要花费一段很长的时间，这意味着要阐明一道复杂的难题，最困难的就是区分什么是起源，什么是结果。从开始就要清楚，大陆漂移、地壳移动、地极位移、内部和天文系统自转轴位移的整体性的动力问题是相关联的。到目前为止，只有一方面问题得到解决，至于其他方面则推测成分居多。

研究漂移动力的问题是必要的。首先，动力是我们前面所说的地壳移动的那些运动，即与基层的大陆位移有关。至少在多数情况下，它们对于大陆块来说，应该被视为直接影响位移的动力，但作用在底层物质的力则根本不值一提，或起到很微弱的作用。

我们之前提到大量的细节构成两种形式位移的证据，我们能直接在现在的地图中找到向西漂移的大陆。早期的离极漂移由于两极位置的变化而消失，只有将当时的两极位置复原，早期的离极漂移才能清楚地显示出来。然而，离极漂移通常表现为两极地区分裂的大陆块和赤道发生的挤压运动。举例来说，石炭—二叠纪时期，南极洲向非洲推进是受到石炭层沿赤道的挤压过程，随后冈瓦纳大陆出现分离。以同样的方式，北极以前位于太平洋海域内，第三纪发生前进运动。对于北极而言，现在的大陆块是伴随第三纪沿赤道的褶皱作用形成的（欧亚大陆的喜马拉雅到阿尔卑斯在这一时期表现明显）；紧随而来的是北半球诸大陆分裂的加剧。

根据我们现有的知识，能够确定唯一的移动动力是离极漂移力。这个力驱动大陆块底部向赤道方向运动。早在1913年，姚特福斯（Eötvös）阐述了这一动力的存在，但在当时被大家所忽视。在讨论中，他提出这样的事实[①]："在经线的面上垂直方向是弯曲的，凹进的一边向着地极，而漂浮的物体（大陆块）的重心要高于被挤开的流体的重力中心位置。"因此，漂浮的物体受到两种不同方向的作用力，它们的合力从地极指向赤道，大陆因此产生向赤道移动的倾向，这种移动也产生如普尔科沃天文台所推测的纬度的常年变化。

虽然不知道姚特福斯提供的事实依据，但W·柯本探讨了离极漂移力的性质和其对大陆漂移的重要性。虽然没有任何计算数据，但他给出以

[①] 姚特福斯：国际大地测量学一般会议记录（17）（Verhandlungen der 17. Allgemeinen Konferenz der Internationalen Erdmessung），第1章，第111页，1913年。

下描述："地壳各个水平层面的扁平度随深度增加而减少，它们不相互平行，而是稍微相互倾斜。但在赤道和两极上，它们和地球半径相互垂直。"图9-1为一极（P）与赤道（A）之间的一个经线上的剖面，对极发生凹形弯曲的虚线是O点上的重力线，C是地球的中心点。

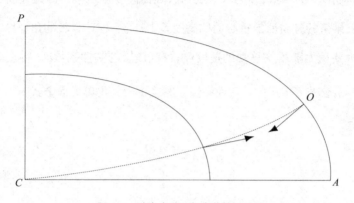

图9-1　地表水准面与弯曲的铅垂线

浮体的浮力中心是位于被排除的媒质的重心上，但浮体本身的重心位于物体自身的重心上，两种力的方向与地表作用点形成标准角度，因此两种力的方向不是完全相反，而是产生一种不大的合力。如果浮力中心位于重心下方，那么合力则指向赤道。因为大陆板块的重心位于表面以下，两种合力不垂直于大陆块的表面，而略倾斜于赤道，浮力比重力倾斜度更大。凡是浮体的重心位于浮力上方的原则上都适用这个原理：如果重心在浮力中心的上方，合力一定指向两极。对于旋转的地球，只有两点合一，阿基米德原理才是完全正确的。

第一个计算离极漂移力的是P·S·爱泼斯坦（P.S.Epstein）。[①]他推导出以下公式，他认为纬度φ上的力K_φ应是：

$$K_\varphi = -\frac{3}{2}md\omega^2 \sin 2\varphi$$

式中，m为陆块的质量；d为大洋底与大陆面高度差之半（即为大陆板块重心面与被排挤的硅镁质的重心面的高度差）；ω为地球自转的角速度。

因为要从大陆板块移动的速度v求得硅镁层的黏性系数μ，将上面的公式套到一般公式$K = \mu \dfrac{v}{M}$（M为黏性层厚度）中，得出下面公式：

$$\mu = \rho \frac{sdM\omega^2}{v}$$

式中，ρ为陆块的比重；s为陆块厚度。如果把下列最极端的数值代入公式中，

$\rho = 2.9$

$s = 50$千米

$d = 2.5$千米

$M = 1\,600$千米

$\omega = \dfrac{2\pi}{86\,164}$

$v = 33$米/年

[①] P·S·爱泼斯坦：《关于大陆的离极漂移》（*Über die Polflucht der Kontinente*），载《自然科学》（*Die Naturwissenschaften*），第9卷，第25期，第499—502页，1921年。

第九章　大陆漂移的动力

则得到硅镁层系数是 $\mu = 2.9 \times 10^{16}\,\text{g}\cdot\text{cm}^{-1}\cdot\text{sec}^{-1}$，此数值约为室内温度中钢的黏性系数的三倍。

如果 $v=1$ 米/年，结果可能最接近真实值，μ 算出来就是其33倍多。爱泼斯坦做出如下总结："综合结果，我们可以得到，地球旋转的离心力能并且一定能产生魏格纳所示的离极漂移。"然而，他认为，赤道的褶皱山系的形成不能归因于离心力，因为这个力只相当于地极与赤道之间10～20米的表面的差值，然而山脉的隆起的高度达到数千米，相应的硅铝块也下沉至很深的深度，这些现象都需要产生大量对重力起到反作用的力。因此，离极漂移的力量是微不足道的，只能形成10～20米高的山丘。

W·D·兰伯特[①]差不多与P·S·爱泼斯坦同时以数学方法推导出离极漂移力的数值，结果大致相同。他算出在45°纬度处的离极漂移力是重力的三百万分之一。由于该力在纬度上达到最大值，所以对于一块长方形倾斜的大陆，漂移力一定会使其发生旋转，在45°纬度与赤道之间让长轴向东西方旋转，而与极地之间则向南北方旋转。兰伯特提到："当然这些都还是推测出来的，它是以下述的假定为基础的，即假定大陆块是漂浮在一种黏性液体的岩浆上，假定岩浆的黏性以古典黏性学说含义为基础。按照古典黏性学说，一种液体不管黏性多大，只要具有足够长的作用时间，就算受到任何一种即使是很小的力也会变形。地球重力磁场的特性表明，其作用力是极小的，但液体的黏性则可能与古典黏性学说所假设的性质不同，因此不管作用的时间多长，这个力只有达到一定极限值，才能使液体流散。

---

① W·D·兰伯特：《有关地球引力场的一些力学奇异现象》（*Some Mechanical Curiosities Connected with the Earth's Field of Force*），载《美国科学杂志》（*American Journal of Science*），第2期，第129—158页，1921年9月。

黏性问题是复杂的，不但古典黏性学说未对观察到的事实给予适当解释，而且我们现有的知识也不允许我们做出任何断言。赤道方向的力是存在的。至于这种力对大陆位置与形状是否有显著的影响，要让地质学家来做决定。"

施韦达尔也计算过离极漂移力。他算出在45°纬度上这个力的值为每秒钟两千分之一厘米，即相当于大陆块重量的两百万分之一。他说："该力是否足够推动大陆漂移还很难判定，无论如何，它是不能解释向西漂移说的。由于速度太小，它不能产生地球自转时任何显著的西向倾斜。"

施韦达尔认为P·S·爱泼斯坦计算出的33米/年的漂移速度太大了，因此得到的硅镁层黏性值很小，如果采用较小的速度，就可以得到合乎要求的较大的黏性值。他说："如果我们假设黏性系数为10^{19}（而不是爱泼斯坦的10^{16}），并以爱泼斯坦的公式为准，则可以得出大陆块的漂移速度在45°纬度为每年20厘米。总之，在这个力的影响下大陆向赤道漂移是可能的。"

最终，R·伯纳（R.Berner）[①]和R·瓦弗尔（R.Wavre）[②]重新计算离极漂移力，结果是最精确的。他们得出，其在纬度45°的最大值为大陆块重力的八十万分之一。还认为："大陆漂移力与大陆重力之比的比值非常小；它不能形成山脉，目前也不能在赤道地区生成山脉。

"然而，如果将静力作用加入到动力作用中，就会产生不同的结果。

[①] R·伯纳：《关于距离赤道较近位置的漂移力的大小》（*Sur la grandeur de la force qui tendrait à rapprocher un continent de l'équateur*），载《日内瓦大学科学论文集》（*Faculté des Sciences of the University of Geneva*），1925年。

[②] R·瓦弗尔：《接近赤道大陆的漂移力》（*Sur la force qui tendrait a rapprocher un continent de l'équateur*），载《自然物理科学的研究成果文集》（*Archives des Sciences physiques et naturelles*），1925年8月。

第九章 大陆漂移的动力

"硅镁层的阻力不妨碍大陆的移动。在赤道或其他纬度相遇的两块大陆中,两者中出现一种损失的动能,则一定会以一种或多种形式恢复。"

似乎克莱希高尔是发现大陆潜在漂离两极的第一人。他在第二版《地质学上的赤道》(*Die Äquatorfrage in der Geologie*)中(书中41页),引入新观点,提出了离极漂移力的概念。第一版本并无此论述。

同时,我想进一步提及M·穆勒(M.Möller)的著作[1],1922年他发表了在1920年研究出的离极漂移力的推导论文,可能正是对这个文献的扩展,在此我只引用我正好了解的部分。

如果我们肯定瓦弗尔和伯纳的理论,离极漂移力约与大陆块重量的八百万分之一相等,是水平面上潮汐力的15倍;当后者方向不断变换时,离极漂移力的作用在方向和强度上都不发生改变。这使得离极漂移力在地质过程中能够类似于钢铁般克服地球黏性。

不久前,U·P·莱利(U. P.Lely)做了一项有趣的实验,证明了远离两极的大陆漂移力[2]。我与J·莱兹曼尼(J. Letzmann)重复了这个实验,发现它可以作为优秀的课堂演示。在转椅上将圆柱形水容器平置,并放在椅子的中心,当水平稳地注入容器中时,水面呈现抛物线般的弯曲(图9-2a)。在容器的中心放一块带钉子的软木塞(图9-2b),代表现在水面上的浮点,尽可能保持不动,软木塞始终能够保持垂直于钉子而不发生偏翻。现在浮点开始在水面转动,钉子先向上,然后朝下。当钉子朝上时,

---

[1] M·穆勒:《种类力量和运动形式》(*Kraftarten und Bewegungsformen*),不伦瑞克,1922年。
[2] U·P·莱利:《实验证明这些力量可能导致大陆漂移》(*Een Proef die de Krachten demonstreert, welke de Continentendrift kan veroorzaken,physica*),《荷兰物理学杂志》(*Nederlandsch Tijdschrift voor Natuurkunde*),第7卷,第278—281页,1927年。

可观察到浮点快速向中心运动；当钉子指向下面时，则向两边移动。如果将浮点按照不同的方向反复放置在水面上，那么运动方向每次都会发生变化，这个实验极具说服力。

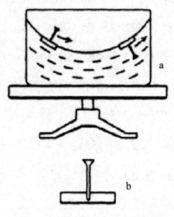

图9-2　莱利证明漂移力的实验

实验的基本原理很简单，浮点重心没有和排开的水的重心重合，而当钉子朝上时重心在排开的水的重心上，钉子向下时重心在排开的水的重心下。如图9-2所示，水的弯曲面显示了在水中的径向压力正好与离心力相抵消。如果浮点的重心和排开的水的重心完全重合，将不产生漂移力，因为对浮点来说，内外部的横向压力差将和离心力相互抵消。但钉子朝上时，浮点的重心不是向上与排开的水的保持一致，它会同时向轴心移动，离心力将小于压力并将推动浮点向中心运动。反之，当钉子朝下时，浮点一定向边缘漂移，因为它的重心远离轴心，与排开的水的一致，因此这种情况下离心力大于压力。

初步来看，这个实验似乎证明的是与漂移力相反的力，因为带有重心的大陆可以代替上面的实验材料，即大陆相当于带有钉子的浮点。但我们很容易发现，这种转变只是一种事实结果，与流体曲面的运动不同。因为在凹凸不平的成曲面的地球表面上，大陆重心远离轴心，而在实验中物体重心离轴心距离较短。

从前文所述能明确以下观点：离极漂移力足以通过硅镁层进行大陆漂移，但不能让从两极移动的大陆形成褶皱山脉。然而，伯纳已经明确指出，这证实了在水平面处于静止的大陆块，由于离极漂移力受到静态压力作用的真实性。我们假设另一种情况，在离极漂移力的作用下，必须要有克服岩浆的黏性阻力，大陆块才能匀速向赤道进行移动；在这个过程中，会因遇到障碍物而被迫停止运动。而且，不可否认，大陆块必须停止运动（我们不该高估这种效果）。动能等于陆块质量一半乘以速度的平方。大陆块移动的质量确实很大，但速度的平方是很低的，因此山脉的形成也不能用产生的动能来解释。因此，我们必须肯定常规的离极漂移力不足以解释造山运动。

由于某些特殊的原因，一些地质学家认为这种情况是反对大陆漂移的理论，这种观点是不合逻辑的。褶皱山脉的存在是不容置疑的。如果它们需要一种大于离极漂移力的力，它们的存在就是有根据的，在地球历史进程中，至少位移力比离极漂移力大得多。但是，如果这个力足够引起大陆漂移，未知的造山力一定能做得更多。

我们可以更加简要地概述关于大陆向西漂移的动力的讨论。许多研究者，如E·H·L·施瓦茨和H·韦特施泰因等人认为，潮汐波的摩擦作用产生的旋转的驱动力，是整个地壳向西转动的原因。潮汐波是受日月引力影响在地球的固体中产生的。人们常常设想月球早期旋转得较快，只是由于地球的潮汐摩擦而减速。很显然，一个星体由于潮汐摩擦而导致转速减慢，必然会明显地表现在最上层，并引起整个地壳或者是大陆块的缓慢移动。这里有问题的只是这种潮汐力是否存在。根据施韦达尔的研究，可以从水平摆发现地球固体的潮汐变形。这种变形属于另外一种弹性变形，并不能因此直接说明大陆块的移动。然而兰伯特认为："尽管这不可能通过观察得到可靠的验证，我们不能相信大陆块自由移动时完全不受摩擦力的影响。""实际上，毋庸置疑的是，我们不能把地球当作是和潮汐引力一样完全是具有弹性的。"因此，除了大量具有弹性的潮汐外，一定存在潮汐流动。可以确定，潮汐流动具有测量的局限性，因为硅镁层具有黏性，所以潮汐移动的影响就很微小。但在地质运动过程中潮汐摩擦效应日积月累，最终会引起显著的地壳移动。无论如何，我的观点仅仅基于固体地球每日的潮汐具有弹性，还不能说明这个问题实际得到解决。

施韦达尔根据地轴的行进学说，获得了和日月引力有关的影响大陆向西漂移的一种力。他说："地球旋转轴在日月引力影响下的行进学说预言，地球各个部分相互间不会产生很大的相对移动。"如果承认大陆相互间有移动，那计算地轴在空间上的运动会更加困难。在这种情况下，必须区分个别大陆的旋转轴与整个地球的旋转轴。我曾计算过，大陆旋转轴的行进运动是纬度$-30°$到$+40°$及西经$0°\sim40°$，比整个地球旋转轴的行进要大220倍。大陆具有与一般旋转轴不同的绕轴旋转的倾向。因此它不仅存在南北向的力，还存在向西的力，并且试图使大陆发生位移；其间，由南向北相互转化的力每天都有变化，我们不纳入考虑范围。这个力比离极移动的力要大。在赤道上最大，到$\pm36°$纬度为零。我希望以后有可能对这个问题作更确切的叙述。该理论证明，大陆的向西漂移也不是不可能的。尽管如此，这只是个初步的探讨（最终结论性的版本还没有发表），但看起来，大陆块最清楚不过的运动就是大陆的向西漂移，这个肯定可以用日月引力作用于黏性的地球来解释。

但施韦达尔从重力测定结果中推测出，地球的形状与旋转椭球体形状不同，从而引起硅镁层内部的流动和大陆漂移。他说："人们推测，在较早的时期，就存在硅镁层的流动。"赫尔默特在最新著作中，根据地球重力分布，推断地球是一个三轴椭球体。赤道形成一个椭圆。椭圆的两轴长度差仅为230米，长轴与地球表面在西经17°（大西洋中）交会，短轴在东经73°（印度洋中）交会。根据拉普拉斯（Laplace）与克莱罗（Clairaut）的理论，地球由近乎液体的物质组成，即固体地球的压力（除地壳外）是静水压力。从这个观点看，赫尔默特的结论是难以理解的。考虑到静液压地球的扁率和角速度，地球不可能是三轴椭球体。我们可以假定，由于大陆的存在，地球不同于一般旋转的椭球体，但事实并非如此。我对其进行了计算，假定大陆是漂浮的，其厚度约200千米，硅铝层和硅镁层的密度差是0.034（以水的密度等于1为参考）。以此为前提进行计算，得出的海陆分布所产生的地球形状和旋转椭球的偏差值，比赫尔默特的发现要小得多。除此之外，赤道椭圆的轴位置和赫尔默特设定的轴位置完全不同，长轴交会在印度洋上。因此，地球的大部分地区不具有流体静态的行为。

"根据我的计算，如果大西洋下面200千米厚的硅镁层的密度比印度洋下的高出0.01，则赫尔默特的结论是可能成立的。"这种条件是不能长期保持的，因为硅镁层将流动以恢复旋转椭球体的平衡状态。由于密度差很小，几乎没有产生流动的可能，但赤道的椭圆率、硅镁层的密度差及其流动，可能在早期比现在重要一些。

可以明确的是，赫尔默特推导出的动力可以解释大西洋的开裂，因为大西洋处的地壳隆起，而大陆块向西边流动。（应该指出，近来有观点认为，地球确实是个三轴椭球体。W·海斯凯恩发现，这个结果仅仅是根据引力测量的组合值模拟得出。）

应该把这个观点看成是对施韦达尔见解的一种延伸。地表的隆起在地表的平面上不仅局限于赤道，而且在地球任何地区都会发生。先前，在讨论海进与地极位移的关系时（本书第八章）曾说明，在地极位移前，地表的位置一定很高，而后方一定很低，而地质学上的事实似乎证实了存在这些高低偏差。这里，我们发现的偏差数量和赫尔默特算出的赤道长轴超过短轴的数量相似，或许是它的两倍。当地极运动较快时，在地极前方的地球表面看起来要高出均衡位置以上数百米，在地极后方要低数百米。最大的倾斜（一个地球象限为1千米）将出现在地极位移的经线与赤道的交会点处，和两极处的倾斜程度几乎相同。由此释放出陆块从高处向低处的力，这种力是正常离极漂移力的许多倍。需要指出的是，对于大陆块，相当于每个地球象限的10～20米。这些力不同于离极漂移力，不仅作用在大陆块上，也作用在下方容易流动的硅镁层上，而在固体地壳下面保持着均衡。但倾斜度的存在——海进海退能证明其存在，这种力在大陆板块上也必然产生作用，形成大陆板块的移动和褶皱，虽然这些运动可能小于下方流体物质运动。我确信，由于地极位移而产生的地球变形的这一力源还是足以造成褶皱运动的。

鉴于最大的两个褶皱系统，即石炭纪与第三纪褶皱恰好形成于地极位移最快和范围最大的时候，这个解释显得特别恰当。

近来，几位研究者，如施温格，特别是基尔希使用了硅镁层对流的概念。结合乔利的观点，基尔希假设：大陆块下方的硅镁层在包含大型镭的部分加温，在海洋地区冷却，地壳下方的硅镁层有环流运动：在大

第九章 大陆漂移的动力

图9-3 灵山岛上的褶皱地层

图9-4 昆仑山褶皱地貌

陆下，硅镁层的热气上升到大陆的下边界，然后向下流向海洋地区，下降到很深处后又返回大陆，继续上升。由于受到摩擦力影响，硅镁层容易导致大陆板块表面分裂，并迫使其发生分离。我们之前提到过，相对流动的硅镁层被多数研究人员认为是不可能的。然而，根据冈瓦纳大陆的分裂和北美洲、欧洲和亚洲组成的大陆的分裂现象，硅镁层循环对大陆分离产生影响是没有问题的。这个观点显然为大西洋开裂提供了合理的解释，因此不能完全因为地表出现的现象与之矛盾而否定硅镁层流动存在的合理性。如果在理论基础是站得住脚的，那么在任何情况下它们都能被看作是地表形成中的动力因素，而目前的理论背景显然是不可能的。

综上所述，大陆漂移的动力问题（除已经经过良好研究的离极漂移力外）仍处于研究的起步阶段。

然而，我们可以有一种假定：大陆位移的动力和产生褶皱山脊的力也是相同的。大陆漂移、断层和挤压、地震、火山活动，海进循环和离极运动，无疑是相互间有关联的。它们一起证实某一阶段地球演变历史的真实性。然而，其发生的原因和结果，只有在未来能够得到答案。

第十章　对硅铝层的增补观察资料

前面章节主要论述支持大陆漂移说的证据，我们现在更想证明其正确性。在本章与下一章，通过补充，一些现象和问题与我们讨论的理论紧密联系在一起。我想强调的是，讨论的目的更多的是要提出问题和引起研究，而不是给出一个确定的答案。

首先我们讨论一下硅铝层，它以大陆板块的形式散布于地球。

图10-1显示的是一幅关于世界各大陆的地图。因为大陆架是大陆土地的一部分，大陆的轮廓明显在许多地方与我们已知的海岸线发生分离。我们要注意的是，摆脱常规的世界地图，去了解整体大陆板块的轮廓。通常，200米等深线恰好能代表这些大陆的边缘，但也有一部分大陆板块深达500米。

我们早先说过，大陆板块的主要成分是花岗岩。然而，众所周知，大陆板块表面很大程度上不是由花岗岩组成的，而是由沉积岩形成的，因此我们必须明确这些沉积岩在构造中所起的作用。沉积岩的最大厚度约为10千米，该数值是由美国地质学家依据阿巴拉契亚山脉古生代时期沉积物

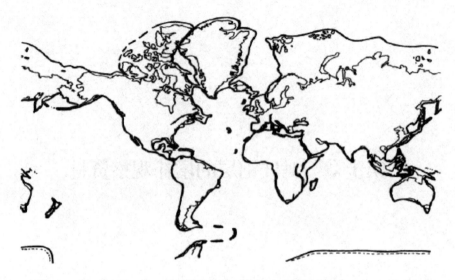

图10-1 大陆板块地图（据墨卡托的推测绘）

的厚度测量得出；其他的厚度极值为0，因为许多地方的原始岩石都是裸露在外的，没有任何沉积物覆盖。克拉克（Clarke）估算大陆板块的平均厚度约为2 400米。然而，目前所有的大陆板块的厚度估计约60千米，花岗岩层的厚度约为30千米，很明显，沉积岩是由地表浅层的风化作用形成的；此外，把它完全移走，大陆板块将会因恢复平衡上升至之前的高度，所以对地球表面的起伏不致产生大改变。

不应该单看地图上（图10-1）的大陆板块边界，粗线部分显示为硅铝层和硅镁层的边界，海底大概也有许多地方有硅铝层。"大陆板块"，顾名思义，指完整的一块大陆，本质上是覆盖着的未受损坏的硅铝层。和破碎的海底硅铝层陆块形成对比，其地表分裂，在更深层面，大陆板块张开或者漂离。因此，我们必须区分一般概念的硅铝盖和更专业概念的硅铝块。而后者在我们的地图上有所显示。

第十章 对硅铝层的增补观察资料

在地质演化进程中，硅铝块最激烈的变化无疑是在海进（洪水期）和海退（干旱期）交替时期；这种现象与偶然情况有关，当海洋中的水量比大洋盆地水量多时，大陆块地势较低的部分会在水下。如果世界的海平面比现在低500米，这些地质现象将局限在大陆块狭窄的边缘地带。现在，海进痕迹可以立即从地图上找到。在这种情况下，大陆水平面的微小变化都会引起被淹没地区的大幅度位移。

总体来说，我们讨论的水位变化的高度差异并未超过几百米的范围。昔日海进与今日海进相比，海水的深浅度是相同的。问题是：这些广为接受的水平面的变化是怎么符合地壳均衡原则或是地壳流体静力学平衡学说的？可能的解答是：如果大陆块受到下方任一流体静力平衡的影响，会自然出现大范围的陆块下沉，需要有使之回到平衡位置的力的作用。只要水平面的变化保持在规定范围内，重力异常的现象将保持在规定限度内，在此限度内会发现，地球上出现变化的点就是与地壳均衡说出现偏离的小区域。由于地球具有黏性，所以水平面一定阈值的变化需要超过先前力的强度，产生均衡说中的平衡运动。因此，可能几百米的数值大约代表水平面变化的阈值，当然，这不能被当作是绝对的常数。地球历史上对海进循环原因的解释将是一个重要的问题，也是未来地质和地球物理研究最难的任务之一。目前，尽管这个问题解决了部分难题，有个良好的开端，但这个问题仍未被完全解决。目前主要的困难在地质调查方面，尽管有许多古生物学家绘制的地图，但这些不足以从位置和日期上证实海进循环运动，因此手中的多数资料对于测试所提出的假设是不充分的。然而，我们认为海进循环不能由一种原因引起，因为各种原因都有可能是诱导因素，因此这个问题本身是复杂的。当然，不排除未来某个时间还会出现更为重要的原因。

目前，根据我已有的知识，可以列举出海进循环发生的几个原因：

（1）由于冰川的融化，水量显著增加，海面上升，自然导致海进的发生。海进交替运动一定具有这样的特征：在全球以相同方式进行，并且不打破地表的均衡状态。据计算，海进与第四纪和石炭—二叠纪时期形成的冰盖一样，将使海平面下降50～100米。

（2）硅铝覆盖层表面海拔高度和凹陷也是一个原因。不受地壳均衡说的干扰，硅铝覆盖层进行水平挤压（造山运动）或是水平伸展（断层）沉积。硅铝覆盖层厚度在水平挤压运动下增加，在水平伸展中缩小。例如，阿尔卑斯山由于褶皱运动海平面升高，而爱琴海（Aegean Sea）地区则出现下沉，形成许多断层，那些岛屿至今仍在。尽管这些过程可能会遇到很多的局部重力异常现象，但基本不涉及干扰地壳均衡说的问题，至少不影响有关海拔升降的问题。进一步说，硅铝层运动与其影响区域的水平维度变化有关，其展现的是当地的整体变化而非局部。

（3）地球运动中的天文现象变化也是原因之一，特别是影响地球的平衡扁率。海洋将遵循平衡扁率无时差的变化，但黏性地球将出现时间滞后的情况；如果地球扁率增加，海进一定出现在赤道处，海退出现在两极；如果扁率缩小，则海进海退区域对调。近期观察发现（尽管其解释仍不确定）扁率的变化还可能是因地球角速度和黄道角的改变而引起，如果黄道角的角度变大，虽然影响轻微，但潮汐力一定会沿地轴方向对地球形状进行拉伸作用；反过来，如果角度缩小，赤道半径就会增加。因此，如果倾斜角度增加，则可预测海进在两极的发生，而角度缩小则可预测海退在赤道出现。

（4）地质学上所确认的地极位移，意味着地轴相对整个地球发生移动，其一定是海进变化的重要来源，如我们在前一章所作的论述，实际上，这个现象意味着海进的事实，即越来越多的海进发生在所迁移的地极之前，海退发生于其后。我认为，这是可能出现的，因为地极位移将被证明是海进现象的主要原因；然而，还有学说认为应将其他的因素考虑在内，其他因素的数量可能会增加。

在第二点讨论的现象中，断裂点的延长和挤压折叠是大陆板块除海进循环外的第二类主要事件。长期以来，它们一直是大地构造学的研究对象，在这里我们只需要引用一些有关联的观点。众所周知，褶皱山脉是在巨大水平挤压作用下形成的，有几个研究者却在争论褶皱山脉的基本形成过程中，标新立异，因此我们不必过多探讨这个问题。重要的是，不论是古代还是近期的褶皱山脉，如果一系列山脉位于地壳下方，就没有重力异常出现。实际上，人们常常认为，这种山脉明显违背大陆均衡说，但我们认为，褶皱山系实际上支持了地壳均衡说。图10-2对其作出了解释。当漂浮在硅镁层的大陆块受挤压时，此陆块位于硅镁层表面的上层与下层的比率必须保持不变。这取决于我们所假定的硅镁层的厚度，假设厚度为5千米，下层是30千米或者60千米，我们得出的比率是1∶6或1∶12，因此，向下挤压的部分一定是向上部分的6倍或12倍。因此，我们看到的山脉只是整个挤压大陆板块的一小部分。在理想的情况下，我们看到的都是挤压发生前已经在海平面之上的山脉。如果忽略微小的变化，任何低于海平面的山脉，不管是在挤压运动过程中还是在其结束后，山脉仍然低于海平面。所以，如果大陆板块的上层是一层5千米厚的沉积岩，那么整个褶皱山体最初由沉积层组成。只有当整个沉积层被海水侵蚀，由火成岩组成的中央山脉才通过地球补偿作用而上升。喜马拉雅山和周边的山脉将是第一阶段的例子。这类沉积褶皱层中，侵蚀作用很激烈，多数冰川被冰碛石所掩埋。典型的例子就是巴尔托洛冰川（Baltoro glacier），它是喀喇昆仑山脉（Karakorum range）最大的冰川，宽1.5-4千米，长65千米，但存在不少于15个中央冰碛石。在第二个阶段，以阿尔卑斯山为例，中央山脉由火成岩构成，但山脉两侧仍保留沉积岩带。因为火成岩侵蚀作用轻微，所以阿尔卑斯山冰川上的冰碛很少，这也是景色优美的原因之一。最后，挪威山脉可以代表第三个阶段，这里沉积岩层被全部侵蚀，火成岩完全上升。因此山脉沉积岩层的侵蚀真正实现了地壳均衡调节。

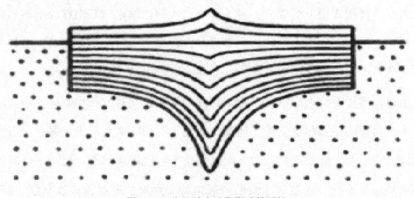

图10-2　未经地壳均衡影响的压缩

我们往往能辨认出山脉中平行的呈阶梯状排列的褶皱带。经调查发现，这一条褶皱带迟早要伸出到该山脉的边缘，直至山脉消失，而内侧的另一座山脉成为前一座山的边缘，然后第二座山脉消失在更远一点的位置，依此类推，雁形褶皱贯穿整个山脉。产生这种现象的原因是两块大陆不是直接做正面的相互推动，而是沿着它们相互垂直方向的某一部分进行剪切运动。通常来说，不同的陆块运动会形成各种各样的影响，如图10-3

第十章　对硅铝层的增补观察资料

所示。假定左边陆块处于静止状态，而右边陆块在进行运动。如果陆块边界成直角运动，不会形成雁形山脉，而会形成巨大的褶皱（逆掩冲断层）；如果陆块呈斜角方向运动，那么就会形成雁行褶皱；运动方向和陆块边缘越趋平行，雁形山脉就愈狭愈低。当出现完全的平行运动时，即形成水平位移的滑面；如果最后运动方向背离大陆板块边缘，就会产生倾斜断裂或者是正断裂，形成裂谷。正常褶皱和雁行褶皱的关系用一张桌布就能清楚地演示，只要把代表大陆板块的部分固定，移动其余部分就可以。

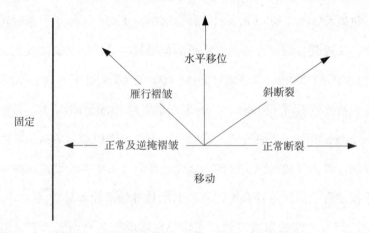

图10-3　大陆板块不同方向运动而产生的褶皱与断裂

仅从上述的概括性考察中我们就能发现，雁行褶皱比常规褶皱发生得更频繁，因为雁行褶皱代表一般的情况，后者是特殊情况。自然界中褶皱构造的范围似乎与此判断相符合。我想强调这点，是因为地质学家通常认为只有这类褶皱会持续垂直地一层层位移，再一个个叠加，从前文描述中看是不需要这样进行的。图10-3中，褶皱和断裂只是同一个过程中不同的效果，即大陆板块各部分彼此推动，它们是从雁行褶皱到水平位移的连续过程。

因此在同一情况下我们要考虑断裂的过程。东非大裂谷（地堑）是考察断裂的最佳实例，它们属于大规模的断层系统，向北延伸至红海、亚喀巴湾（Gulf of Aqaba）和约旦河谷（Jordan valley），直到托罗斯（Taurus）褶皱山的边缘（图10-4）。据最近研究表明，这些断层也向南延伸，远至好望角。其中发育最好的部分发现于东非，诺伊迈尔—乌利希（Neumayr-Uhlig）[①]对此有如下描述：

从赞比西河（Zambesi River）河口向北延伸，是一条50~80千米宽的裂谷，包括希雷河（Shire River）和尼亚萨湖（Lake Nyasa），然后转向西北消失。接近裂谷的地方有与之平行的坦噶尼喀湖，这个湖规模甚大，湖水深达1 700~2 700米，岸壁坡度高达2 000~2 400米甚至达到3 000米。在北面还包括鲁西西河（Russisi River）、基伍湖（Lake Kivu）、爱德华湖（Lake Edward）、艾伯特湖（Lake Albert）。诺伊迈尔—乌利希认为："裂谷的边缘山脊的出现，可能与地壳裂变后，发生在断裂边缘的突然向上涌升运动有关。"这种高原边界凸起的特殊地形使得尼罗河（Nile）于坦噶尼喀裂谷边缘的东坡发源，而坦噶尼喀湖水自身则流入刚果河。第三条明显的裂谷位于维多利亚湖（Lake Victoria）以东，北部是鲁道夫湖（Lake Rudolf），在阿比西尼亚弯曲延伸至东北部，一侧伸向红海，另一侧则朝向亚丁湾（Gulf of Aden）。在东非的沿海和内陆，这些断裂常以向东逐步下降的阶梯状断层形式出现。

图10-4仍用黑点表示裂谷底部，这是具有特殊重要意义的大三角洲地区，位于埃塞俄比亚高原和索马里半岛之间，即在安科伯尔、柏培拉、马

[①] 诺伊迈尔—乌利希：《地球的历史》（*Erdgeschichte*）第1卷，《普通地质学》（*Allgemeine Geologie*），第2版，第67页，莱比锡和维也纳，1897年。

萨瓦（Massawa）之间，这个相对平坦、地势低洼的地区完全由火山岩组成。很多研究者认为它是由裂谷底层极度扩张而成。这个见解是根据红海两侧海岸线的趋势推测出来的，除此之外，该海岸线呈平行趋势，只在此处有三角地区的凸起。如果把这个三角地区切除，对岸的阿拉伯半岛的岬角刚好填补这个缺口。埃塞俄比亚山下面的硅铝质向东北方扩展，硅铝质在大陆板块的边缘处显露在外，形成了三角地区。硅铝带的隙缝由玄武岩填满，因此上升的硅铝层上层是硅镁层。在任何情况下，除非三角形地区可能存在有可预测的绝对的重力反常现象，三角形地区超过海平面的巨大的海拔高度都表明熔岩下硅铝层质的存在。

这些断谷很可能起源于较近的地质时期，并在东非形成脉络状断裂线。在很多地方，裂谷的脉络状断线切断了玄武岩熔岩，甚至有的地方还切断上新世的淡水沉积层。因此，无论如何，它们不可能在第三纪之前产生。另外，从位于裂谷底部的内陆湖所标志的高水位上升的海滩可以推断，它们在更新世时期就已经出现。以坦噶尼喀湖为例，从所谓的"残遗动物区"可以推测出，这些动物曾经生活在海洋中，后来逐渐适应了淡水的环境，这表示该湖已经存在了较长的一段时间。但是，断裂带频繁发生地震和强烈的火山喷发，这又表明断裂带的分裂活动至今还在继续进行。

从力学意义上看，仅有的有助于解释的新迹象是，它们处于两个大陆板块完全分离的初始阶段，也就是近来出现断裂而尚未完全分离，或者早期完成分裂后来由于导致裂谷分裂的张力减弱而静止。按照我们的想法，一个完整的分离过程如下：首先，在较脆弱的上层形成一个张开的裂缝，而具有可塑性的下层仍然相连。由于裂缝陡壁高度不确定，且陡壁需要岩石巨大的抗压强度，同时在裂缝之外，形成倾斜的滑面，沿着滑面的

图10-4　东非裂谷带〔据祖潘（Supan）绘〕

两块大陆板块的边缘部分就将滑落到张开的裂缝之中,伴随而来的现象就是许多局部的地震;一旦出现裂缝就会发生这一现象,因此沟状断层(地堑)的深度不大,裂谷底部以及更高处所露出的裂谷边缘的残积岩块由同一类岩石组成。在这个阶段,裂谷还没有得到均衡补偿;按照E·科尔斯许特(E.Kohlschütter)①的观点,大量近期发生的东非裂谷也是这种情况。目前存在未经补偿的质量不足情况,因此能观察到相应的重力异常。随后,裂谷两侧的隆升使得均衡补偿得到恢复,因此产生一种现象——裂谷沿着背斜脊的长轴穿过。莱茵河(Rhine River)上游裂谷两侧的黑森林山和孚日山就是这类边缘脊的鲜明例子。如果最后裂谷向深处扩展,只剩可塑性较低的硅铝层仍位于整块陆块之下,硅铝层和其下的黏性硅镁层将向裂口处上升,弥补之前质量不足的情况,并且裂谷整体也得到均衡补偿。裂谷进一步开裂,裂谷底部首先是由散落的可塑性底层硅铝质碎片覆盖,由碎片覆盖更脆弱的上层,直到最后,裂缝继续扩大,硅镁质出现在表面。根据特雷尔齐(Triulzi)和赫克的观察发现,就红海(Red Sea)大裂谷的情况看,这种情况已经发展到硅镁浮升的阶段,断裂的补偿运动也已经发生。

本质上,硅铝层最上层比下层要脆弱,这一事实也解释了值得注意的一个现象:陆块边缘早先是相连一致的,当硅铝层块夹在其中时,制止了大陆板块以整体的形式存在。例如,马达加斯加岛的东岸和印度洋西海岸明显展现了变质岩高原两侧的垂直断裂,两边岩石都是直接相连的。塞舌

---

① E·科尔斯许特:《德国东部地区的地壳结构》(*Über den Bau der Erdkruste in Deutsch-Ostafrika*),载《皇家社会科学院学报》(*Nachrichten der Königlichen Gesellschaft der Wissenschaften zu Göttingen*),数学物理专刊,1911年。

尔群岛（Seychelles）的拱形大陆架位于马达加斯加岛的东岸与印度洋西海岸之间，也是由硅铝层（岛屿是花岗岩质）形成的，在重新塑造后的地质环境下将需移动到裂谷之中。然而，似乎我们关注的只是深层的可塑性硅铝层在断裂过程中浮现的物质，重塑后将其放置在两块大陆块之下，自然不排除在其表面有细小碎块覆盖的可能。大西洋中脊和许多其他地区也是同样。要牢记这个观点，因为可能出现的困惑是，分离大陆板块的轮廓几乎完全一致，但其中分布着不规则的硅铝块。

因为低层的可塑性硅铝层侧面凸起，所分裂的大陆板块边缘常落入海底形成阶梯状断层与大陆板块平行。这些硅铝层沿着裂谷最高处勾勒出背斜的曲面，也就是说，在表面凸起的曲面。然而，我们不能只探寻这一部分的细节。

当可塑性大陆块被内陆冰盖覆盖时，在大陆边缘必然会产生一种特殊的力。假设将力作用在一块非脆性饼上，那么饼的厚度会缩小，径向向水平方向扩展，将在边缘产生裂缝，这就是峡湾形成的原理。在所有过去被冰川覆盖过的海岸可以发现其形成与峡湾形成原理有惊人的相似性（比如斯堪的纳维亚、格陵兰、拉布拉多、北纬48°以北的北美太平洋海岸、南纬42°以南的南美太平洋海岸以及新西兰的南岛等地）。J·W·格里高利（J.W.Gregory）[①]曾广泛研究过，但仍在很大程度上忽视了断层形成的原因。峡湾通常被认为是侵蚀谷，但根据我在格陵兰和挪威的观察来看，这种说法是错误的。

从大西洋两侧大陆边缘的大量海洋探测资料中，我们注意到一个特殊

---

① J·W·格里高利：《峡湾的性质与起源》（The Nature and Origin of Fjords）（共542页），伦敦，1913年。

的现象，即河谷在海洋海底的延续。例如，圣劳伦斯河谷在大陆架一直延续到深海边，哈得孙河谷也延伸到海洋（经探测深达1 450米）。同理，在欧洲，在塔古斯（Tagus）河口以外，特别是阿杜尔（Adour）河口以北17千米的布雷顿（Breton）海角，都有海底河谷的延伸。其中最典型的就是南大西洋上的刚果海沟（向外延伸至2 000米）。按照通常的解释，这些海沟是下沉的侵蚀谷，形成在水面上，后来被淹没。在我看来，这种说法是不可信的：第一，不可能有如此大幅度的下降；第二，不可能分布如此普遍（如果有更充足的数据发现，海沟将在各个大陆边缘被发现）；第三，因为只有一组特殊的河口表现出这种现象，而中间的河口则没有。因此，我认为海底河谷很可能就是曾经被河流流经的大陆边缘的裂谷。除此之外，就圣劳伦斯河来说，它的河床部分具有裂谷性质的事实，已经在地质学方面得到证实。至于布雷顿角海下沟谷，坐落在比斯开湾裂谷中，就像打开的书本一样，它的地理位置很好地解释了这个说法的合理性。

然而，大陆边缘最有趣的现象就是弧形列岛，这种岛弧链在东亚发育得特别好（图10-5）。如果考察它们在太平洋的分布，我们将看到所形成的规模宏大的系统。特别是，如果我们把新西兰看作是澳大利亚过去的岛弧，那么整个太平洋西海岸都被岛弧所环绕，东岸却没有这种现象。在北美洲，我们可以观察到尚未发育但在北纬50°到北纬55°之间已经开始形成的岛弧，旧金山沿岸附近的岛弧突出以及加利福尼亚海岸山脉分离的现象。也有观点认为，南极洲的西南部可以看成是岛弧（也有可能是双列岛弧）。然而，总的来说，岛弧现象表明西太平洋大陆板块漂移的大致方向是西北偏西，按照更新世的两极位置，大致朝向正西。这个方向也和太平洋的长轴（南美洲到日本）相一致，并且和夏威夷群岛

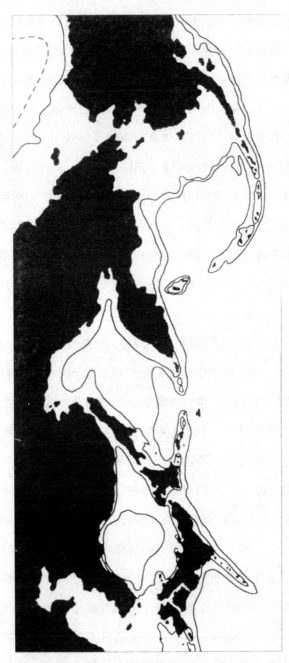

图10-5 东亚岛弧等深线200～2 000米（密点为大洋底）

（Hawaiian Islands）、马绍尔群岛（Marshall Islands）和社会群岛（Society Islands）等主要方向一致。深海沟包括汤加海沟（Tonga trench），其裂口所排列的顺序与大陆漂移方向相垂直，因此与岛弧平行。毫无疑问，所有这些现象都是互为因果的。

完全相同的岛弧也见于西印度群岛。在火地岛和格雷厄姆地之间的南设得兰（South Shetland）岛弧也可看作独立的岛弧，虽然它的意义稍显不同。

岛弧明显地以雁行形状排列。阿留申群岛形成一串岛弧链，向东延伸到阿拉斯加就不再是一条海岸岛弧链，而是向内陆延伸；在堪察加半岛附近终止，形成关于堪察加岛的弧链；从堪察加内陆延伸至千岛群岛（Kurile Islands），在最外围形成一列岛屿；岛弧又终止在日本附近，取代萨哈林岛（Sakhalin，即库页岛）和日本列岛，一直延续至内陆山脉；在日本南部，这种排列仍在继续，一直延伸到巽他群岛，之后列岛排列开始混乱起来。安的列斯群岛的形成也与上述的排列情况相同。很明显，这种岛弧的雁行形状组成是过去大陆海岸山脉雁行形状排列的直接后果，因此可追溯到雁行褶皱的一般规律。岛弧的长度大致相同，这很可能要追溯到海岸山脉群的地质结构。（阿留申群岛弧长2 900千米、堪察加—千岛弧长2 600千米、库页岛—日本列岛弧长3 000千米、朝鲜—琉球（Ryukyus）弧长2 500千米、中国台湾—婆罗洲弧长2 500千米、新几内亚—新西兰弧长2 700千米。然而，西印度群岛的岛弧呈现出渐变的形态：列岛逐渐降低，南部安的列斯群岛，海地—牙买加—莫斯基托海滩，2 600千米高；海地—古巴南部—米斯特里奥萨浅滩，高1 900千米；古巴1 100千米。）

S·藤原（S.Fujiwhara）[①]已经采纳岛弧成雁行形状排列的说法，尤其是日本火山链，并尝试解释日本火山链按照逆时针方向在太平洋海底进行旋转而成（以亚洲板块为静止参考系）。因为运动是相对的，也可以反过来考虑这一运动的参考系，按照顺时针方向，把太平洋海底作为静止参考系，亚洲大陆看作运动的主体。因为直到最近期的地质时代，北极一直都位于太平洋区域，所以过去的大陆板块对应向西漂移。实际上，我认为是很有可能的，东亚的雁形岛弧链的边缘在最近地质时期出现大陆漂移。

我们在上文提到过，岛弧在地质构造上具有惊人的一致性。一方面，岛弧的凹边总有一系列火山，这显然是由于弯曲并且挤压出的硅镁层物质造成的，另一方面，岛弧的凸边有第三纪沉积岩，但与其相对应的大陆海岸上却没有这类沉积岩。这就意味着岛弧与大陆分离是在最近的地质时期发生的，当沉积岩形成时岛弧仍属于大陆边缘的一部分。由于受到弯曲产生的张力作用，第三纪沉积岩层受到极大的扰动，引起裂隙与垂直断层。日本本州岛（Honshu）因受到过于强烈的弯曲而难以保持原状，发生破裂形成大地沟。尽管岛弧长期受到拉伸作用导致沉降，但岛弧的外缘部分略见上升；这可能说明岛弧具有倾斜运动的倾向，岛弧两端为大陆向西漂移的力所拉伸，底部深处被硅镁层拉住。岛弧外缘常出现深海沟，似乎也和上述描述的形成过程是相同的。值得注意的是，深海沟从来不出现在大陆与岛弧之间新露出的硅镁层表层上，而通常仅见于岛弧的外缘，即在古洋底的边缘。深海沟好像是一种断裂，其一侧为极度冷却的古洋底（已固化

[①] S·藤原：《纵向观察日本火山岩的梯队结构及其意义》（*On the Echelon Structure of Japanese Volcanic Ranges and Its Significance from the Vertical Point of View*），载《地球物理学报》（*Gerlands Beiträge zur Geophysik*），第16卷，第1期和第2期，1927年。

到深处），另一侧是岛弧的硅铝质层。在硅铝质和硅镁质之间形成这种边缘裂隙是可以理解的，这符合上述的岛弧倾斜运动。

同样在图10-5中，岛弧后面的大陆边缘凸出的轮廓也非常引人注目。如果我们特别考察200米的等深线，除海岸线本身，我们会看到大陆边缘总是形成S形的镜像轮廓，而岛弧边缘形成一个简单的凸形曲面。图10-6给出了详细的图解说明。这种现象在图10-5的三个岛弧上同样有所表现，包括澳大利亚东部的大陆边缘，由新几内亚和新西兰东南延伸部分组成的岛弧即新西兰东部大陆边缘。这些弯曲的海岸线标志着平行于海岸山脉并且也是与海岸山脉走向一致的一种压缩，它们可以被视为水平的大型褶皱。这是整个东亚在东北—西南方向经历的强力压缩现象的一个组成部分。如果试图将这条弯曲的海岸线拉直，那么现今从中印半岛到白令海峡间的距离会由9 100千米增加到11 100千米。

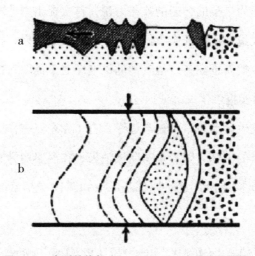

图10-6　岛弧的缘起（a：剖面；b：虚线表示的是冷却的硅镁质部分）

根据我们的解释，岛弧——尤其东亚岛弧——是从大陆板块分离出来的边缘链。大陆板块向西漂移，其留下的剩余物在古老的海底迅速地凝固于深处。随后在岛弧和大陆边缘之间海底的静液区域如窗户般暴露出来。

这一观点与从另一种假定出发的F·李希霍芬的想法不同。[①]他认为岛弧的出现是由于发生在太平洋的地壳的张力导致的。根据这个观点，岛弧连同邻近的弯曲的海岸线和隆起的海岸山脉一起形成一个大型的断层系统。列岛和大陆海岸之间的地区是第一级"大陆阶梯"，通过倾斜运动，这个阶梯的西部沉入海面之下，而东部露出的部分就是岛弧。李希霍芬认为，在大陆上能发现两个甚至更多的这样的阶梯，只是下沉的部分较少。解释这些断层的规则、弧形排列是十分困难的，但是参考了沥青和其他物质的弧形龟裂后，这种难题也就不复存在了。

我们必须意识到，李希霍芬的学说具有历史性价值，他第一个有意识地打破了当时奉为圭臬的普遍的弧压力说，首次提出用地球张力解释岛弧形成。这一学说虽然不能证实我们今天研究的数据成果，特别是海洋深度图因缺乏探测数据而不完备，但是他的深度图对于证明岛弧和大陆块之间是断裂的这一事实提供了关键证据。

当大陆块发生运动时，不是与边缘垂直（像东亚一样），就是与边缘平行，那么沿岸的山脉会随着走滑断层消失，在海岸山脉和大陆块之间也不会出现硅镁质构造窗。这一原理基本上和图10-7描绘的大陆板块内部

---

① F·李希霍芬：《东亚山系在地貌学上的研究》（4）（Über Gebirgskettungen in Ostasien. Geomorphologische Studien aus Ostasien），载《普鲁士科学学院院报物理数学专刊》（Sitzungsberichte der Königlichen Preussischen Akademie der Wissenschaften zu Berlin），第40号，第867—891页，1903年。

现象是相同的，只要把对象转换成大陆边缘部分即可：假设大陆块向硅镁质层移动，形成边缘褶皱，根据其不同运动方向会出现逆掩褶皱或是雁行褶皱。如果大陆板块远离海洋方向移动，海岸山脉会发生分离大陆块的运动。但是如果发生水平移动，我们会发现走滑断层，边缘山脉将发生纵向滑动。在这种情况下，山脉仍黏附于固体化的深海洋底。这种过程清楚地反映在德雷克海峡的海底深度图（图5-25）上的格雷厄姆地的北端。同样还有，巽他群岛的最南端，松巴岛—帝汶岛—新西兰岛—布鲁岛，以前虽然是苏门答腊岛前面岛屿向东南部的延伸部分，之后却从爪哇岛侧面滑动，直到逐渐移动并挡住澳大利亚、新几内亚的前端。

加利福尼亚是另一个例子。加利福尼亚半岛在其侧面凸起处显示出夹卷现象（图10-7），可能是陆块向东南方向推动的结果。半岛顶端受到前方硅镁质阻碍，已经增厚，似铁砧一样，按照透视法来看，半岛总体与加利福尼亚湾（Gulf of California）的轮廓相比大为缩减。根据E·威蒂克（E.Wittich）[①]的研究，其最北部是在最近才在海面隆升，高度超过1 000米，足见其强劲的压力。从轮廓看，过去半岛的顶端位于前面墨西哥（Mexico）海岸的缺口内部。地质图上显示，这两处都存在前寒武纪的侵入岩石，而两者间的同一性还未得到证实。

---

① E·威蒂克：《关于加利福尼亚海岸的波动》（*Über Meeresschwankungen an der Küste von Kalifornien*），载《德国地质学会杂志》（*Zeitschrift der Deutschen Geologischen Gesellschaft*），第64卷，月度报告，第11期，第505—512页，1912年；《La emersiónmoderna de la costa occidental de la Baja California》，《社会的记忆》（*Mémoires de la Societé*），第35卷，第121—144页，新墨西哥州，1920年。

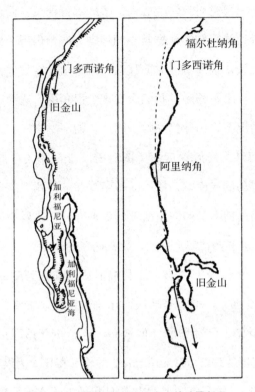

图10-7　加利福尼亚和旧金山的地震断层

除半岛本身缩短外,似乎存在半岛向北的滑动,更准确地说,大陆板块对硅镁质的向南作用使得半岛滞后了,紧随半岛的北部海岸山脉也参与了这一运动。这就解释了旧金山附近的大规模凸起的海岸线受到的挤压作用。1906年4月18日,旧金山地震中产生的断层就是对这一说法的有力说明。基于鲁茨基和E·塔姆斯①的解释(图10-7),这次断裂造成旧金山东

---

① E·塔姆斯:《1906年4月18日加利福尼亚地震的起源》(*Die Entstehung deskalifornischen Erdbebens vom 18. April 1906*),载《彼得曼文摘》(*Petermanns Mitteilungen*),第64期,第77页,1918年。

部向南移动，西边部分向北移动，实际测量结果也和我们所预期的相同，急剧的移动量随着与裂缝的距离越远而越少，更远的地方移动量小到无法进行测量。当然，在裂缝发育之前，地壳已经在缓慢地不断进行运动。A·C·劳森（A.C.Lawson）[①]曾把1891年和1906年间断层的运动方向进行比较，根据波因特·阿里纳（Point Arena）观测的结果（图10-8），在断裂面上的地表物体15年间从A点移动到B点，移动的距离大约为0.7米；随后形成裂缝，西半部向C点移动2.43米，东半部向D点移动2.23米。A点到B点间的连续运动，被看作是相对于北美大陆的运动，表明大陆西半部边缘由于黏附在太平洋硅镁层上

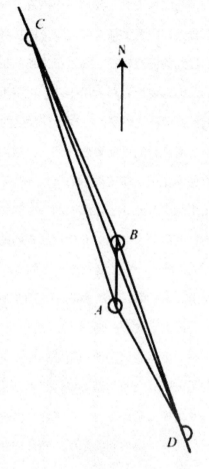

图10-8 与裂缝斜交的地表物体的运动
（据劳森绘）

而不断向北后退。裂缝只标志间断性地释放压力，但却不能持续推动整块大陆的移动。

---

① A·C·劳森：《加利福尼亚海岸山脉的移动》（*The Mobility of the Coast Ranges of California*），载《加利福尼亚大学学报》（*University of California Publications in Geology*），第12卷，第7期，地质专号，第431—473页，1921年。

与之相关的，我们还应该提及地壳上另一个尽管研究甚少但很有趣的部分，即印度支那大陆边缘（图10-9）。我们的主要关注点就是苏门答腊岛以北的深海盆地。马六甲半岛的折断处和苏门答腊北部断裂处是相对应的，但即使拉直马六甲半岛，也不可能盖住苏门答腊岛以北的像窗形的露在外部的硅镁圈层。在窗形硅镁层的西面能显示出安达曼（Andamans）岛链。对此我们可能要假设喜马拉雅山系的巨大压力对中印半岛山脉产生了拉伸的作用，在这种压力下，苏门答腊岛北端与半岛分离，更北部的阿拉干山脉（Arakan）像绳子的一头那样向北进入压缩部分中，在大规模水平断层的滑动中，两侧必然形成不同的断裂面。值得注意的是，最外缘的一系列岛屿——安达曼和尼科巴群岛（Nicobar Islands）——牢牢黏附在硅镁层上，只有第二列岛才进行明显的移动。

最后，要谈一谈我们所熟知的太平洋与大西洋海岸的差别。大西洋海岸大多是高原台地的裂隙，而太平洋海岸则是由边缘山脉和前部的深海沟组成的。大西洋型海岸，包括马达加斯加、印度、澳大利亚西部与南部以及南极洲东部等地。太平洋型海岸则包括东南亚半岛附近的群岛、巽他群岛西岸、澳大利亚东岸、新几内亚和新西兰以及南极洲西岸，西印度群岛包括安的列斯在内也属于太平洋型。这两种类型不同，重力分布状态也不相同。大西洋海岸除上述的大陆边缘外，都处于均衡补偿状态，即漂浮的大陆板块是保持平衡不变的。O·迈斯纳（O.Meissner）[①]认为太平洋海岸则不同，重力分布常不均匀，并且大西洋海岸上一般少有地震和火山作用，太平洋海岸是地震和火山作用多发地带；即便大西洋海岸上有火山喷

---

① O·迈斯纳：《地壳均衡与海岸类型》（*Isostasie und Küstentypus*），载《彼得曼文摘》（*Petermanns Mitteilungen*），第64期，第221页，1918年。

第十章　对硅铝层的增补观察资料

图10-9　东南亚半岛区域的海深图（等深线200米到2 000米；虚线处为海沟）

发，所喷出的岩浆依据贝克（Becke）的研究也和太平洋火山喷出的岩浆在矿物质学上有一定差别。大西洋火山喷发的物质大多质量重、含铁量高，应该是从地层的更深处喷发出来的。按照我的见解，大西洋海岸都是中生代和中生代后期由于大陆板块分裂所形成的，海岸前部的海底展现了裸露的较新的硅镁层，因此可以认为硅镁层是具有流动性的。这样看来，这些海岸处于均衡补偿的状态之中也可以被理解。由于硅镁层具有较大的流动性，大陆边缘对移动的抵抗力小，所以没有产生褶皱，也没有挤压作用，不发生海岸山脉或火山运动，也不发生地震。也就是说，这是因为流动的硅镁质可以始终支持必要的运动。夸张地说，这部分大陆板块就像漂浮在水面上的固体冰块一样。

从地壳表面能找到许多实证。火山作用实质是硅镁质从硅铝壳内被挤

261

出,岛弧就是很好的例子。由于岛弧的弯曲,凹入的内部必然受到挤压作用,而凸出的外侧受到拉伸作用。实际上,岛弧的地质构造完全一致,但内侧总出现一系列火山,外侧没有火山作用,只有剧烈的断层和裂隙。这种普遍性火山分布规律是明显的,对我来说,其分布对火山性质讨论具有无比的重要性。W·F·洛津斯基(W.F.Lozinski)[①]说道:"在安的列斯群岛上,可以看到一条火山内带和两条外带,其最外带是由最新的沉积层构成,其高度较低(苏斯)。两个相对立的例子——火山作用强烈的内部与作用有限的火山外带,可以在马鲁古群岛(布劳沃)和太平洋诸岛(阿尔特托)上看得到。同样,分布在褶皱带内侧的火山带,如喀尔巴阡山和华力西斯的腹地也很明显。"维苏威、埃特纳(Etna)和斯罗特姆博利等火山的位置也符合这种观点。在火地岛和格雷厄姆地之间的南安的列斯岛弧中弯曲最强烈的南桑德韦奇群岛的中央山脊是由玄武岩组成的,其中有一个火山在活动。布劳沃叙述了在巽他群岛上看到的有趣现象:在最南端的两列岛弧中,只有弯曲的很简单的靠北的一列有座火山,靠南的一列包括帝汶岛,由于和澳大利亚陆架相碰撞后向反向弯曲,南列的(帝汶岛东北端)向北列挤压,恰恰就在北列这一点有火山作用,这些火山曾经活动过。布劳沃又指出另一个事实,即隆起的珊瑚礁只出现在没有火山作用或是火山作用已经沉寂的地区,这些地区都是受到挤压的地方。这一结论乍看起来似乎不是十分合理,但在我们学说的范畴中却能找到合理的解释。

  难以置信的一点是,在最古老的地质时代,硅铝壳可能曾包围整个地球。那时的硅铝壳厚度是现在的三分之一,上面覆盖着原始大洋

[①] W·F·洛津斯基:《火山的作用与褶皱的作用》(*Vulkanismus und Zusammenschub*),载《地质评论》(*Geologische Rundschau*),第9期,第65—98页,1918年。

（Panthalassa）。彭克计算出海的平均深度是2.64千米，当时地球表面估计全部被原始大洋淹没，或只露出其中一小部分陆地。

有两方面的证据可以证明上述见解的正确性：一个是地球上的生物演化；一个是大陆板块的构造结构。

施泰因曼[①]说："没有人能真正怀疑淡水生物以及陆地生物还有大气生物都是起源于海洋。"在志留纪以前，我们还不了解有什么呼吸空气的动物；最古老的陆上植物的残遗物种在哥德兰岛上志留纪层被发现。根据高腾（Gothan）[②]的研究发现，上泥盆纪的生物主要还是没有叶子的藓类植物。他说："具有叶子的植物化石在下泥盆纪还很少，当时所有的植物都很小，像杂草一样，软弱无力。"另一方面，上泥盆纪植物和石炭纪植物已经很类似了，依靠支持器官和同化器官的发育，植物体内分工完成，出现大片有脉络的叶片。下泥盆纪植物的特征，例如器官低级和形体矮小等方面，表明了这些植物起源于水中。这一观点得到波托尼、利尼耶（Lignier）、阿伯尔（Arber）等人的支持。到了上泥盆纪，由于适应在空气中的生活方式，植物有了进化。

另一方面，假如把大陆板块所有褶皱铺平，硅铝层外壳将会扩展到包围整个地球的程度，尽管现在大陆板块和陆架只占地球表面的1/3，但在石炭纪时期我们发现面积有所增加（约占地球表面的1/2）。不过，要追溯到更早的地球历史，褶皱的范围也就更广泛。E·凯瑟认为："最重要的

---

① 施泰因曼：《寒武纪动物界在整个生物演化中的地位》（*Die kambrische Fauna imRahmen der organischen Gesamtentwicklung*），载《地质评论》（*Geologische Rundschau*），第1期，第69页，1910年。

② 高腾：《关于最古老陆地植物的新发现》（*Neues von den ältesten Landpflanzen*），载《自然科学》（*Die Naturwissenschaften*），第9期，第553页，1921年。

是，大部分古老的太古代岩石（Archaean rocks）在地球上各处受到位移和褶皱作用。只是到了元古代，我们才看到除褶皱的岩石外的没有褶皱作用或者是轻微褶皱的沉积岩在各地出现。在元古代以后的各个时期中，坚硬而没有变形的岩块增多，分布也变广，地壳的褶皱部分才相应地缩小。到上侏罗纪和白垩纪又增强，在下第三纪达到高潮。但显然，这个最新的大型造山运动影响的地区范围比石炭纪褶皱范围要小得多。"

根据以上论证，我们认为硅铝层曾包围过整个地球，这与前人对这个问题的见解并不矛盾。那时，地球具有柔软性和可塑性的外壳，受到自然力的作用，一边被撕裂开一边又被褶皱拉伸。因此，深海的起源与扩展只是这一过程的一个方面，另一个方面则是褶皱。生物事实似乎证实了深海是在地球历史进程中形成的。J·沃尔瑟[①]说："生物学上的一般实证，目前对深海动物地层位置和构造地质的研究，都使我们不得不相信海洋作为生物家园并不具有远古时代地球的原始性质，而是首先形成于大陆各处发生构造运动以及改变地球表面的形状时期。"硅铝层的最早裂隙及硅镁层的暴露，可能和现今东非裂谷的成因相似。随着硅铝层褶皱变大，裂隙也就变得更开阔。粗略而言，这一过程类似于圆纸灯笼的双面折叠，一边拉开，另一边则压缩。最古老的太平洋地区就是这样最早被剥去硅铝层的部分的，这是十分可能的。可以认为，巴西、非洲、印度和澳大利亚的古片麻岩褶皱和太平洋张开的裂口相呼应。

硅铝层压缩作用的结果必然导致褶皱的加厚增高，同时深海盆地一定变大。因此，大陆板块上的海进，一定在地球历史进程中逐渐减少，即便考虑到地球的总体和地方差异，这个规律也是被公认的。我们能从书中三

[①] J·沃尔瑟：《海洋盆地的发生及其扩张》（*Über Entstehung und Besiedelung der Tiefseebecken*），载《科学周刊》（*Naturwissenschaftliche Wochenschrift*），第3卷，第46期。

个时期的海陆复原图上清楚地得到答案。

要指出的重点是,即使产生作用的力方向不同,但硅铝层的演变一定是单向的。这是因为挤压力形成大陆块的褶皱,但拉伸力不能使其变得平坦,最多只能使陆块分离。在挤压和拉伸力两者交替过程中,不能抵消两者产生的效果,只产生单向演变的结果,即褶皱和分离。在地球历史进程中,硅铝层面积不断缩小,厚度增加,日益分裂,这都是相互补偿的现象,其产生原因也是相同的。图10-10所呈现的是测高曲线图,说明了过去、现在和将来地球表面的高度,直观地解释了我们的观点。今日地壳的平均水平面与硅铝圈还没有破裂前的原始表面是相吻合的。

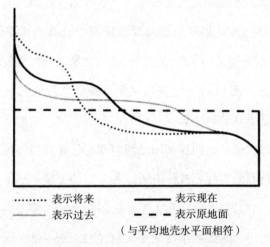

········ 表示将来　　—— 表示现在
—— 表示过去　　---- 表示原地面
（与平均地壳水平面相符）

图10-10　过去、现在与将来地球表面的等高曲线

另一方面,太平洋海盆被认为是月球潮汐引力分离下的遗迹是很有可能的。按照达尔文的观点,这一过程将出现地球硅铝层的缩小。我认为,估算硅铝层的褶皱程度是唯一一种证明方式。然而,到目前为止,这种证明是不可能完成的。

第十一章　对大洋底的增补观察资料

从地貌上看，海洋和大陆是作为一个整体而存在的，而三大洋的深度却不尽相同。科西纳从格罗尔的海洋深度图中计算出太平洋的平均深度为4 028米，印度洋为3 897米，大西洋为3 332米。这种深度关系也能从海洋沉积层的分布（图11–1）中得到真实反映。克吕梅尔亲自向我指出这点。红色深海黏土和放射虫软泥是两类深海沉积物，它们主要分布在太平洋和印度洋东部，而在大西洋和印度洋西部则覆盖着浅海沉积物，其较高的石灰含量必然和海洋深度较浅有关。各大洋的深度差异不是偶然现象，而是有规则的，并且与大西洋和太平洋之间的海岸类型差别相关。最显著的例子就是印度洋，它的西半部属于大西洋型，东半部是太平洋型；东半部海洋深度比西半部深。这些事实引起大陆漂移说支持者的兴趣，因为从地图上能一眼看出，最古老的大洋底是最深的，而那些近期才露出的洋底是最浅的。图11–1展现出大陆漂移的痕迹。

我们今天还没有找出各大洋深度差异的原因，可能是由于存在物理形态和物质材料的差异。从物理形态来看，新老洋底会根据温度和物质聚合情况的不同产生差异。假设物质材料的密度是2.9，花岗岩体积膨胀后的系数按照0.000 026 9来计算。当温度上升100℃时，密度将变为2.892。每下降60千米，会产生100℃的温差。如要保持洋底的均衡状态，两大洋底的深度差即为160米，温度越高的洋底，高度就越高。

另一方面，在相对新露出的洋底深层岩石中，结晶体的覆盖含量本质上比老岩层的要薄，从而在深度和密度上形成差异。如果有人认为整个大洋盆地以同样的方式形成的话，第三种可能性是存在的。由于形成日期和起源地在物质组成上的差异，在漫长的地质时期，岩浆可能由于不断的结晶作用或是其他效应发生改变，而大洋底也因此改变。最后，硅镁层可能被流动的大陆块下面的残余部分或是边际碎片不同程度覆盖。

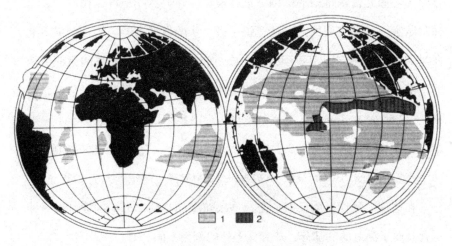

图11-1　大洋底沉积物地图（据克吕梅尔绘）

图解：1代表红色深海黏土，2代表放射虫软泥

我们关于大洋底物质构成的看法，在今天看来还是不确定的，因此不必举出所有的例子去引证。我将限定一个讨论范围，对大西洋的情况

进行彻底的调查研究，另外，大西洋洋中脊是大陆漂移说必须讨论的一种现象。

很长一段时间，深海海底通常在宽广的范围内出现高度差微小的情况。到目前为止，主要通过间隔排列的一连串电缆敷设的密集的探深点，发现那些明显平坦的深海区。克吕梅尔提到，在太平洋地区，中途岛和关岛（Guam）之间超过1 540千米区间内，存在着100个探测点，位于5 510米至6 277米深处。其中，在平均深度为5 938米的180千米长的区间，据14个探测点探测，最大偏差在这一区域内由+36～-38米变化。在另一段长为550米的区间内，在平均深度为5 790米（37个水深点）处偏差在不超过+103米～-112米范围内变化。现在可以通过更加方便的回声探测设备，在船航行时，对如此密集排列的探测点进行读取。在大西洋地区，德国"流星"探险队掌握了许多剖面，并且提供了进一步的数据资料。第一个横贯北大西洋的回声探测剖面由美国方面完成。我在图11-2中[①]列举的是北大西洋的西部，去除了马尾藻海洋盆地的最北部分。图中所示的地区包括，西经58°～47.5°（930千米），其平均深度为5 132米，最大偏差为+121～-108米。深度的稳定性在区间中表现更为明显，比如，有8个相连的探测点（每两个相隔28千米），测量值为2 780～2 790英寻（测量误差为10英寻）。

和这种一致性形成反差的是，这条航线的其余部分的剖面是粗浅的，尽管其属于深海的一部分，却和深海处的剖面不同。

---

① A·魏格纳：《大西洋底》（*Der Boden des Atlantischen Ozeans*），载《地球物理学报》（*Gerlands Beiträge zur Geophysik*），第17卷，第3期，第311—321页，1917年。

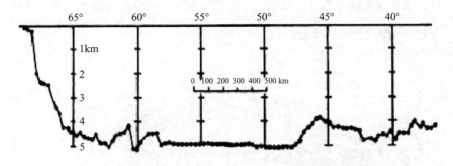

图11-2　通过北大西洋回声探测的美国西部（不包括大陆架地带）

我从中推断，在马尾藻海域，深度是恒定的，硅镁层表面显露出来，而其他部分的高低不平的地势可能被不同的、比大陆板块厚度更薄的硅铝层所覆盖。据此假设，在大洋底5 000米的深度下的区域，大体相当于裸露的硅镁层，图11-3表示大西洋底表面硅铝层和硅镁层的分布。（古登堡提出相同的假设，这一假设只对硅镁层和硅铝层这两种物质进行考虑，为此他表达了不同的观点，提供针对漂移概念——"流动理论"相反的理论[1]。他认为："存在的硅铝层，漂浮在硅镁层上，只出现在太平洋。"他把大西洋和印度洋底作为一块大陆板块，假定这块大陆由于漂流有一半大陆变平了。但是这个观点是不正确的。尽管我们忽略水荷载这一因素，大西洋和印度洋的大洋深度相对太平洋的深度也会低一半，并且由于水的重力、均衡原理，这种差异会加剧。古登堡的观点与大洋底整体形态相似的观点相悖；此外，如果我们复原的大陆向着目前分离后的大陆位置移

---

[1] B·古登堡：《地壳欧式山脊的流动运动变化》（Die Veränderungen der Erdkruste durch Fliessbewegungen der Kontinentalscholle），载《地球物理学报》（Gerlands Beiträge zur Geophysik），第16卷，第239—247页，1927年；第18卷，第225—246页，1927年。

动,这个观点将不能符合地理学、生物学和古气候学;目前大陆块边缘重合处的一致性仍是一个谜。)

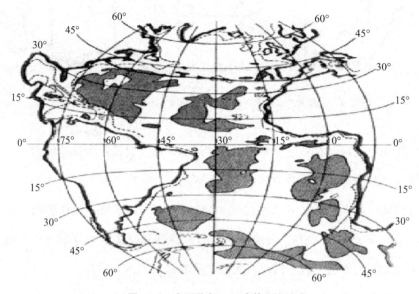

图11-3　大西洋底5 000米等深线区域

在此,我们遇到一个难题。如果我们假定这些硅铝层物质是在分离过程中留下的破碎的地带,那么这一带区域必将很宽阔。图11-3,即首条跨越大西洋的回声探测剖面图描绘的线路,可能就是由碎块所组成的1 300千米宽的地带。当然在南大西洋,我们将得到较小的数值,因为大西洋的中脊很狭窄,两边与海洋盆地相接,不如路线中所显示的西部路线那样清晰。当流星探测队探测到更多可利用的数据时,才会取得更加精确的结果;即便如此,我们仍将继续在这些碎片组成的深达500~800千米的地带进行探测。这并不荒谬,而对我来说这个范围过于宽泛,因为从今天看来南美洲和非洲板块边缘部分具有明显重合部分,这似乎说明了这些边界曾经是直接相连的。在我们的复原过程中,在许多地方,尽管不是很严重,但我们也遇到了相似的难题。

目前,在我看来,这类细小的差别最可能是由于我们只关注了两个层面,即硅铝层和硅镁层,而现实情况却更为复杂。忽略上面的猜想,假如我们根据最新的地球物理研究,会越来越清楚地发现:到达30千米深处,我们测到大陆块的花岗岩部分;下至60千米处是玄武岩部分;再向下就是超基性岩(纯橄榄岩)。那么,我们会以一种令人满意的方式得到符合事实的合理解释。花岗岩块实际是破碎的,是符合大陆漂移说的,除去某些深层的、熔化的部分,还有因开裂形成的今天大西洋洋中脊上的边际碎块。如果按照假说看,玄武岩层位于花岗岩层下并具有很强的流动性,那么玄武岩会随着大西洋裂缝张开而涌出,之后两边向张裂处进行补给,于是其覆盖整片洋底,今天仍是洋底的主要组成部分。随着张开裂谷逐渐变宽,玄武岩的流动的力量也会不足,于是底层的橄榄岩必须从玄武岩中以窗口状显露出来(图11-4)。在北海,陆块分裂尚不成熟,洋底除花岗岩残余部分,完全由玄武岩构成,并且还具有相当的厚度。然而,在广阔的太平洋海域,相对有大面积橄榄岩露出,而这里更平缓的部分被玄武岩所覆盖,可能有部分地方还被花岗岩所覆盖。

当然,图11-4完全是种假想。但我认为,根据地质学、生物学还有古气候学证据,一定要坚持我关于大陆板块当时存在直接关联的原始想法。地球物理学家最近的研究成果与之并不矛盾;相反,他们的研究似乎能解决固有的疑问,根据大陆板块边缘可以证实,在大陆板块之间曾经发生过直接的交集,如今洋底不规则的海底山脊就是证明,比如大西洋洋中脊。除此之外,古登堡曾主张大陆板块自身可以通过移动而被拉伸;我们将这个想法运用在更多的地方，尤其是爱琴海地带。然而，此处板块适当的移动也应该限制在海底更深层，其表层则被断层分割开来。

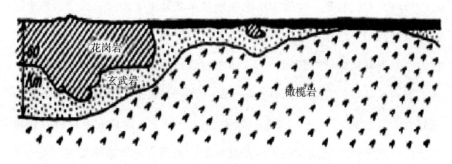

图11-4　大陆块与大洋底之间的理想化部分

现在，地球物理学家在关于构成大洋底的玄武岩或纯橄榄岩的深度的问题上没有达成一致，因此，我们将简明扼要地回归到区别硅镁层和硅铝层的讨论。

假设硅镁层是一个黏性流体，如果它的流动能力只表现为顺从硅铝块的漂流，而不是独立发生流动，那这种现象是很奇怪的。地图上显示，直线型列岛曾经由于硅镁质流动发生弯曲变形，直接显示出硅镁层的局部流动性。图11-5列举出两个这样的例子，塞舌尔群岛和斐济群岛（Fiji Islands）。新月形塞舌尔大陆浅滩处分布着花岗岩形成的独立岛屿，新月形轮廓与马达加斯加、印度都不吻合，而它拉直后的外形显示，它们早先有直接的连接。这就可以作出如下解释：有硅铝块熔体从陆块下面浮起，其上升后随硅镁层流运动，向印度半岛移动一大段距离。这股硅镁层流，也带动马达加斯加岛完全沿着印度半岛的方向移动，这可能是受到印度半岛漂移的影响，或者是相反的原因；流动的硅镁层导致印度半岛漂移，从而使斯里兰卡与其分离。流体运动，包括黏性体的流动，是一种少见的能简单区分因果的运动。我们对于这些问题的认识还有很多不足。联系大陆漂移说,并对所有出现的相对运动进行清楚的解释是不合理的。我们考虑这些问题只为说明硅镁质层的流动现象,并主要表现为大陆浅滩两端处明显地向后弯曲的现象,这表明硅镁层流动在马达加斯加岛和印度半岛中心处有所减弱。我们也可断言:硅镁流体在新露出的硅镁层中动力最强,而在向古老深海底层西北和东南两侧的流动则较为缓慢。如图11-5所示,斐济群岛的形状类似两股螺旋形星云,形成一种螺旋形流体运动。这类群岛的形成和变相移动相关,即澳大利亚和南极洲分离后,保留新西兰岛弧,这种变化在向西北方移动时就已经发生。据推测,斐济群岛在进行螺旋运动前是平行于汤加山脊的,两者共同构成澳大利亚—新西兰陆块的外层岛弧;像所有东亚岛弧一样,它附着在古老的深海洋底的外围,而岛弧内侧与大陆块分离,内层由于大陆块向后移动,就以旋涡的形式卷曲起来。新赫布里群岛和所罗门群岛(Solomon Islands)可能是陆块后撤后两条遗留下的雁行形岛弧。(依据生物学数据,赫莱德得出结论,新几内亚和新喀里多尼亚,新赫布里底群岛和所罗门群岛的轮廓具有一致性。)新不列颠、俾斯麦群岛,依附于新几内亚岛,并被牵引过来,同时澳大利亚陆块另一端的巽他群岛中最南端的两列岛山也呈螺旋状发生弯曲,这表明这里也出现像斐济群岛一样的硅镁层流动。

关于深海沟的性质,从已有的观察基础看,还无法解释清楚。除少数起源不同的深海沟外,其余的深海沟都位于岛弧的外侧(凸起处),在古洋底的边界处;而岛弧内侧,洋底新露出的像窗户一样的部分,没有发现深海沟。这样看来,只有在古洋底才能形成深海沟,因为古

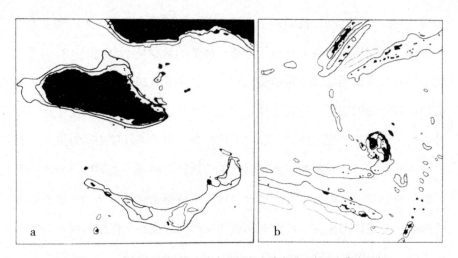

图11-5 左图为马达加斯加岛与塞舌尔大陆浅滩，右图为斐济群岛

注：等深线200米到2 000米；实点处表示海洋深处

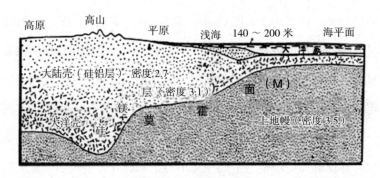

图11-6 大洋底剖面图

洋底具有集中冷却和硬化的条件。或许可以把深海沟当作边界裂隙，一边由岛弧中的硅铝质组成，另一边由深海底处的硅镁质组成。图11-7所示的深海沟剖面，实际上看起伏不大，但不能被其误导，因为这是受到重力作用而变得平坦的。

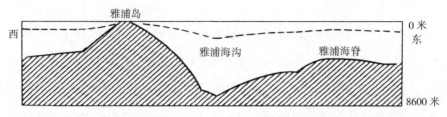

图11-7　雅浦（Yap）深海沟剖面图[据G·肖特（G.Schott）与佩尔勒维茨（Perlewitz）绘]

在新不列颠岛南部和东南部呈直角形弯曲的深海沟，显然是在依附于新几内亚岛时受到群岛的向西北方强烈的牵引力所致；群岛内部包含的硅镁层，之后流入裂谷中，至今还没有将沟道填满。这可能是我们对深海沟的形成给予的最准确的描述。

对于智利西面的阿塔卡马（Atacama）海沟的起源，可能有另一种解释。当这些山脉形成过程中受到大陆块漂移的阻碍时，海面下所有岩层将从海平面下进行向下的压缩运动，邻近的大洋底必然会被牵引下去。（阿姆斐雷、A·彭克和其他人对此提出反对意见是毫无根据的。如果所有褶皱以守恒的地壳均衡说为前提，那么美洲向西的运动一定以大陆板块前部为参照，出现的硅镁层的堆积，正如我们所假设的那样。由于重力因素，转移的硅镁层不会出现向上运动，而一定只在大陆板块下方发生向下和向后的运动，正如漂浮体随水流缓缓移动一样。）此外，关于大陆边缘下沉还有另一个原因，即向下的山脉褶皱熔化后，由于大陆板块向西漂移，熔融的岩石向东移动。按照我们这种解释，这些物质在阿布罗柳斯（Abrolhos）浅滩处堆积。因此，大陆边缘必然下沉，附近的硅镁质层也随之下沉。

当然，这些关于深海沟性质的想法要经过更加彻底详细的研究，特别是关注重力测量的结果。赫克①在汤加海沟发现重大的负重力异常现象，但在汤加高原附近测得的重力值为正数。最近韦宁—曼尼斯测定多处深海海沟。他的著作中似乎表明，在连续的硅镁层流动下还没有实现海沟的均衡调节；这种情况可以解释为大陆板块隆起是倾斜的假说，然而，要经过更进一步的研究才能得到最终结论。

---

① O·赫克：《印度洋与太平洋及其沿岸的引力测定》（*Bestimmung der SchwerkrafLauf demIndischen und Grossen Ozean und an den Küsten*），载《国际测地学会中央局汇刊》N.F.（*Zentralbureau derInternationalen Erdmessung，N.F.*），第16期，柏林，1908年。

附 录

本书意在证明，北美洲和欧洲之间距离增加的证据已在第三章提供。我们不想对读者有所保留。1927年10月和11月，F·B·利特尔和J·C·哈蒙德发布了在北美和欧洲之间开展的关于经度测量差异的结果，他们还将这些数据与1913/1914年获得的数据进行了比较。①

华盛顿—巴黎在1927年的经度差是：5小时17分36.665秒±0.001 9秒，但在1913年、1914年的数据分别是5小时17分36.653秒±0.003 1秒和5小时17分36.651秒±0.003秒。

1913年、1914年的这两个结果，第一个是美国观测者的测量数据，第二个则是法国人的观测数据。

从这些数据的比较中，华盛顿—巴黎经度差在1913或1914年的进程中有所增加，在线性测量上，总增加量约为0.013秒±0.003秒，这相当于这些

---

① F·B·利特尔和J·C·哈蒙德：《世界经度运行》（*World Longitude Operation*），载《天文杂志》（*Astronomical Journal*），第38卷908号，第185页，1928年8月14日。

年总共增加了约0.32米±0.08米的距离。

这种变化的方向和数量与第三章给定的漂移理论基础上的结论非常契合。